科学游记系列一

十年山野 路漫漫

新生代化石考察记

邓涛 著

上海科学技术出版社

图书在版编目（CIP）数据

十年山野路漫漫 ：新生代化石考察记 / 邓涛著. --
上海 ：上海科学技术出版社，2022.7
（科学游记系列）
ISBN 978-7-5478-5712-0

Ⅰ. ①十… Ⅱ. ①邓… Ⅲ. ①新生代—化石—研究
Ⅳ. ①Q911.2

中国版本图书馆CIP数据核字(2022)第111472号

十年山野路漫漫——新生代化石考察记
邓 涛 著

上海世纪出版(集团)有限公司
上 海 科 学 技 术 出 版 社 出版、发行
(上海市闵行区号景路159弄A座9F-10F)
邮政编码201101 www.sstp.cn
上海中华商务联合印刷有限公司印刷
开本 787×1092 1/16 印张 18
字数 275千字
2022年7月第1版 2022年7月第1次印刷
ISBN 978-7-5478-5712-0/N·239
定价：79.00元

序

上海科学技术出版社季英明先生邀我为邓涛研究员的《十年山野路漫漫——新生代化石考察记》一书作序，自然是欣然答应。一方面，作者是我所在中国科学院古脊椎动物与古人类研究所（以下简称古脊椎所）的同事，对他的野外工作十分熟悉；一方面作者还是一位多才多艺的古生物学家，常常以诗会友，在同行中有“才子”之称。

在大家的心目中，古生物学家通常会花不少的时间在野外寻觅化石、考察地质，有人觉得很辛苦，也有人觉得很浪漫。其实，个中酸甜苦辣只有古生物学家自己最有体会。

本书是作者过去十年间实际考察世界各地，特别是青藏高原新生代沟沟壑壑的真实写照。这不是一般的游记，而是一部科学考察日记。从中，读者不仅能领略到一系列新奇的发现，还能欣赏到壮美的河山和各国的风土人情。作为一位严谨的学者，作者文风朴实，没有一些文人的矫揉造作，真可谓自然的才是最美的。

这本考察记按照时间的顺序，记录了作者及其团队以青藏高原为中心的野外科学调查和发现，同时这些工作又需要与国际同行进行密切的交流，所以他也会去世界各地开展观察和对比工作。书中展现了横贯西藏的雄奇和曲折，以及从山南的河流盆地到珠峰大本营的跌宕起伏。在环绕青藏高原的滇西滇东、四川甘孜、甘肃甘南、宁夏同心、青海东部，直到新疆的天山南北、塔里木盆地和帕米尔高原，一系列的考察活动留下了生动有趣的情节。而在东北平原和淮河流域的调查研究，则反映出中国新生代化石的丰富多彩。书中还描绘了作者在泰国、越南、土耳其、葡萄牙、保加利亚、意大利、美国和阿根廷等地的足迹，与世界各国的古生物学家共同促进新生代化石的发现和研究。

邓涛研究员的多产，除了自身的才艺天赋外，他的勤奋也是大家有目共睹的。他似乎一直保留了记日记的良好习惯。我记得有一年一同去阿根廷参加一次国际会议，在飞机上除了看点闲书，我通常是靠呼呼大睡来打发时光的，他却常常在飞机上写东西，或许是记录旅行的感受，或者创作一首新诗，这一点确实令我自愧不如。

阅读这本考察记，让我恍惚间又想起了古脊椎所的创始人，也是中国的恐龙之父——杨钟健先生，他俩都毕业于北京大学地质系。杨钟健早年在北京大学的时候，就曾担任进步刊物《共进》的主编，1923 年大学毕业后，也曾经发表过《西北的剖面》《抗战中看河山》等 7 本游记，除此之外，他也是一位高产的诗人。古脊椎所的文化传承，历来重视科研与科学普及的结合。除了研究生毕业于古脊椎所的苗德岁成为了著名的科普作家外，研究所还有一批年轻的科研人员或翻译科普著作，或开展科普讲座，有声有色，还有人成为了所谓的“网红”，我从中看到了研究所科研文化的传承。

记得上世纪 80 年代，我们考大学的时候，从事地质学、古生物学工作还是比较辛苦的。然而，近年来伴随国家社会与经济的快速发展，野外工作条件已经大为改善，地质学、古生物学的工作已经不再是让人生畏的行业。许多从小便对化石着迷的小读者，走进了古生物学研究的殿堂，从此将爱好与职业完美结合到一起，岂不是人生一大幸事。

衷心希望本书的读者们跟随作者的脚步，从这本考察记中，一方面学习到地质学、古生物学的知识；另一方面，体验发现的乐趣，感受自然之美，重新认识“诗和远方”。

周忠和

中国科学院院士

美国科学院外籍院士

中国科学院古脊椎动物与古人类研究所研究员

中国科普作家协会理事长

2022 年 4 月 30 日

前言

时光荏苒，飞逝如电，十年不过弹指一挥间。感谢上海科学技术出版社，在 10 年前的 2011 年出版了我的野外考察随笔《追寻远古兽类的踪迹》；更蒙出版社编辑们的厚爱，又在 2014 年出版了我们 2012 年前往西藏阿里的考察记《西行札达——发现冰期动物的高原始祖》。所以，当上海科学技术出版社再次热情地邀请我出版新的考察记时，让我重新回忆起从 2011 年到 2020 年的整整 10 年里，那些在山野里探求追索的难忘经历。本书中的各章就来自野外考察时的笔记，经整理后按时间先后顺序排列。

不仅是 10 年，其实我一直以来就好奇于缤纷多彩的大自然。但不管走多远，都会记得当时为什么出发，所以也会回忆起自己在上大学之前受到的影响。比如，回家探亲时还会到第一具马门溪龙化石的发现地，就在家乡宜宾距县城 4 公里的地方。后来越走越远，就像这本书里记述的，仅仅在最近的 10 年里也考察过亚洲、欧洲、美洲的许多国家，而中心工作还是在祖国各地，尤其是青藏高原及其周边地区。

我自己从 2001 年就开始参加青藏高原科学考察，而在最近的 10 年里中国的青藏高原科学考察得到越来越大的支持。我们古生物方面最大力度的青藏高原科学考察从 2009 年开始，因为中国科学院从该年度开始启动了青藏高原研究的知识创新工程重要方向项目群，并在 2012 年进一步加大支持，设立了战略性先导科技 B 类专项。从中国科学院以青藏高原为中心的泛第三极战略性先导科技专项的持续推进，到规模宏大的第二次青藏高原综合科学考察研究的启动和深入开展，我们对这一地区的野外考察频率显著提高。特别重要的是，第二次青藏高原综合科学考察研究于 2017 年 8 月 19 日在拉萨正式出征，习近平总书记发来贺信，向参加科学考察的全体科研人员、青年学生和保障人员表示热烈的祝贺和诚挚的问候。我们备受鼓舞和鞭策，从启动会现场就直接奔赴野外。第二次青藏科学考察启动以来，稳定的经费支持、完善的后勤保障，促使我们开展了更多卓有成效的野外调查，取得了蔚为壮观的科学成果。

青藏高原被誉为地球的第三极，是世界上最年轻和最高的高原，其巨大的动力和热力效应迫使亚洲大气环流发生重大变化。因此，青藏高原的隆起及环境效应是当今国际地学界的热门研究课题，追溯青藏高原的形成和隆升过程，不同时代的地层和其中赋存的化石所反映的生物与环境的协同演化是一个重要的焦点。通过对青藏高原及其周边地区以脊椎动物为主的化石的广泛考察和发掘，在发现大量化石证据的基础上，我们全面系统地研究了青藏高原新生代盆地的地层和所含的哺乳类和鱼类等化石，追溯了脊椎动物在青藏高原隆升背景下的演化模式，揭示了鱼类、哺乳类中一些重要类群的起源和演化过程。

我在这10年里有了更多的行政工作，到野外考察的时间没有过去那样自由了，但依然不肯放弃，更不能懈怠，总是争取能够见缝插针，投身我热爱的山野。有时确实因为其他工作而错过了随同考察队一同驰骋于野外，心也时刻跟随着他们。就像2019年从新疆穿越到西藏的令人激动的旅程，我只能将自己的渴望和祝福送给考察队员们：

水调歌头 · 己亥中秋

队伍再集，无奈缺席，心向往之，特作此篇，遥寄祝福。

皓月傍山小，何况出冰峰。边城喀什南望，缥缈暮云空。初渡流沙千里，再越崇崖万米，险道运筹中。待旦聚人马，憧憬沐晨风。

莽昆仑，雄阿里，路连通。夜营旷野，星辰摘手近苍穹。遍历湖盆搜豹，细究岩层寻鸟，古海猎鱼龙。等到归来日，步履盼从容。

最大的挑战是在新冠疫情暴发的2020年上半年，许多工作都停顿下来，考察计划也不得不暂时搁置。在4月下旬新冠疫情最紧张的时刻，每天醒来，总是在家里。那时出差都不能，更不用说出野外了。计划中要去塔吉克斯坦，还暗自庆幸那里是尚未报告有疫情的几个神奇国家之一，但其实早就禁止入境了。忍不住感叹，5月都要来啦，真的要忘了山谷中寂寞的角落里野百合也有春天。终于，在夏天可以前往西藏进行野外考察了，那激动的心情溢于言表：

摸鱼儿 · 庚子西藏野外季

众心仪、倚天高处，奈何人不离户。半年禁足焦如火，掩卷茫然回顾。长日度，最想念、羌塘藏北崎岖路，荒原落暮。况壮志凌云，冰峰勇闯，猛浪曾飞渡。

瘟神送，迅疾行程排布，光阴岂肯辜负。铁骑聚集迈开步，队伍昂扬奔赴。乡友助，新识道、晓途破雪冲迷雾，惊翻鼠兔。看滚滚车轮，前方直指，化石掘无数。

我们在 2001 年初次到西藏考察时，就重访了中国科学院古脊椎动物与古人类研究所前辈在第一次青藏高原综合科考时发现的藏北比如县布隆化石地点。而从中国科学院启动知识创新工程重要方向项目群“青藏高原古高度研究”以来，我们新开辟了藏北班戈县和双湖县交界的伦坡拉盆地作为野外调查的核心地区，取得了令世界瞩目的一系列成果。我们发现，在现在海拔 5 000 米的高寒缺氧的荒凉不毛之地，在几千万年前却生长着热带的棕榈，畅游着喜暖的攀鲈，最真切地描绘了青藏高原隆升的巨大变化。也是 10 年，我就用藏北 10 年的感慨作为前言的结尾吧:

一剪梅 · 藏北科考十周年

藏北经年弹指间，冰见山巅，雪见营边。明知险境踊争先，车可飞渊，人可回天。

每日归来下夕烟，签纸详填，图纸精编。欣闻化石过三千，棕也连连，鲈也翩翩。

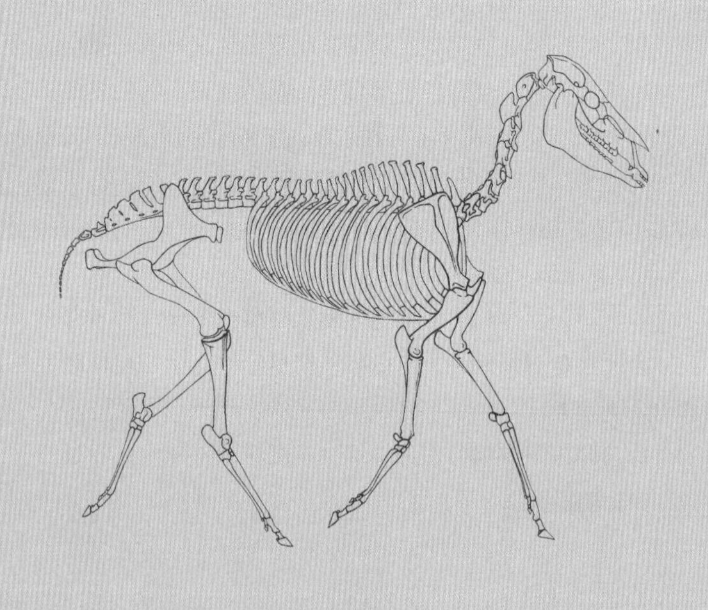

目录

红色岩系的背斜

白雪皑皑的山峰

天山南北

从兰州到乌鲁木齐的航线，飞经中亚内陆的极度干旱之地，绵延不绝的戈壁沙漠组成了风景的主题。但天山在这里是个另类，它高耸入云的身躯揽住了往来的水汽，织就一袭洁白的披肩。这是 2011 年的 5 月，阳光的温度开始消磨冬春的积雪，从涓涓的细流汇聚成淙淙的小溪，却从来不曾澎湃。干渴的盆地饮尽这冰凉的融水，只留下一缕缕泪痕划过山前的裙围。天池也看到了，我能很清楚地识别出曾经到访过后留在记忆中的地形地貌。池边的冰还没有完全融化，环绕着绿色的湖水，仿佛一块晶莹的玉璧。降落在地窝堡机场，中国科学院古脊椎动物与古人类研究所（以下简称古脊椎所）考察队先期到达的队员开车来接，很高兴又能与大家在野外相逢了。

我们第二天 9 点半从乌鲁木齐出发，向西到石河子。乌鲁木齐这个季节的早晨依然凉意十足，坚持了一下，没有加衣服。天气很好，晴空澄碧，两旁的白杨行道树一路护卫。可能是干旱的原因，有些树已经死了，穿插在树林中的枯枝很醒目。干旱是这里的常态，我们要前往石河子，这地名也是干旱的结果：因为干旱，一年中大多数时候河里只有石头没有水。实际上，这一带的河流都是石河。

100 多公里很快就到了。石河子是一座绿意葱茏的城市，引来天山雪水浇灌，到处都有茂密的树林，在旅店前的树荫下还能看见乌鸫在活动。下午就去野外，地名叫火烧洼，当地人报告有化石发现。此次考察，非常高兴能跟古鱼类学家张弥曼院士和瑞典自然历史博物馆的古植物学家傅睿思（Else M. Friis）院士一道工作。我们先回头走一段高速，到玛纳斯县，然后向南面的山脚下前进。山前出露一套新生代地层，由白垩系的红色砂岩丹霞地貌与更老的地层分隔。煤的自燃把岩层烘烤成红色，我们在里面发现了不少木贼、轮木和银杏化石，时代为侏罗-白垩纪。

沿着准噶尔南缘的天山北麓，一座座水利枢纽将来自雪峰的馈赠管束在库渠之中，再导引入人工开发的绿洲，灌溉着西北的粮仓。火烧洼的山口就是石门子水库，下游的水渠一直延伸到石河子垦区，成为当地发展的命脉。这里甚至利用水源养鱼，打下 20 米深就有地下水涌出。

山脚是绿草葱茏的牧场，但也有破坏性的煤矿开采。山峰仍被白雪覆盖，苍翠的云杉从雪线向下延伸，风景优美，所以这里也有很多度假村。满山的锦鸡儿（*Caragana sinica*）在摇曳，多刺的枝节显示着对环境的适应。佛法僧一定是这里最漂亮的鸟儿，那缤纷的色彩让朱雀都不敢炫耀，更别说打扮朴素的杜鹃了。

傍晚回到石河子。这里曾经是新疆生产建设兵团的总部，农垦之初的第一口井还保留着，现在建有农垦博物馆。广场上的雕塑也以农垦为主题，歌颂在那艰苦年代的开创之功和现在的繁荣发展。军垦的历史直接传承自汉代的屯田，这种军民结合的方式是一种行之有效的戍边手段。石河子的军垦博物馆值得一看，后来利用下雨天的空闲去参观，对军垦有了更深入和详细的了解。那确实是一段可歌可泣的历史，深深敬佩在那个年代艰苦创业的人们，更感叹现在的巨大变化，用翻天覆地来形容一点都不为过。

次日考察的化石点在安集海河上游，我的主要工作是进行地层对比。通过实际观察和资料查阅，确定这里处在天山北麓的第一排新生代露头，是一个东西走向背斜的南翼，中心发育一系列断层，出露的地层从老到新依次为紫泥泉组、安集海河组、沙湾组。在安集海河组的薄板状粉砂岩中找到不少鱼类化石，我也发现一条保存相当完整的鱼。我们将大块的板状砂岩从几乎直立的地层中取出，然后一片片剥开，鱼类化石就显现出来了。除了鱼类，

1 石门子水库边的丹霞地貌
2 茂密的针叶林
3 吐谷鲁组与锦鸡儿花
4 农垦纪念碑

还有昆虫，介形虫也相当丰富，考察队中的丹麦奥尔胡斯（Aarhus）大学的佩德森（Kaj R. Pedersen）博士就采集了不少介形虫。

日子过得很充实，每天的日程都安排得满满的，好像没有一分钟空白。虽说由于时差，8 点半才是早餐时间，但我总是 6 点半就起床，有好多事可以做。

接下来的地点还是玛纳斯县的南山，先到塔西河与清水河之间的一片露头，红色的地层中夹带有灰绿色的条带。我在这里找到了第一条鱼，当然，很不完整，随后大家就发现了大量鳞片，清楚地指示出是中生代的鱼类。从地质图上查读，果然，这里是晚白垩世的吐谷鲁组。特别有意思的是找到几枚鱼粪化石，还看不出是哪一类，研究清楚一定有价值。下午到清水河一侧，就是玛纳斯河的正源，水量很大，正在修建一个大型水利枢纽。这里得灌溉之便，河谷中的许多老榆树郁郁苍苍，林下是一片片的农田。我们在安集海河组中发现了许多鱼的鳞片，找到的脊椎动物骨骼主要是龟鳖类的，有的保存了相当多的关节。

玛纳斯以及邻近的几个县都把天山一侧，即县域南部称为南山。最近几天我们都在南山一带考察，再次考察的塔西河就是南山的一处。我们由北向南，到达石门子水库大坝之下，然后过河上东岸，但到地层露头已无车可走之路，于是弃车徒步。这里的地层是吐谷鲁组，沟内有许多灰绿色和褐黄色的板状粉砂岩，需要一片片剖开来寻找化石。跟此前调查的吐谷鲁组一样，片状砂岩表面有破碎的鱼鳞。继续寻找，考察队员终于发现了完整的鱼化石。但我还没有采集到像样的标本，就继续前进到沟的深处。仔细搜索，一条仅缺尾部的鱼赫然展现在一块坚硬的砂岩板上。

中午就在一棵树下午餐，这时车里播放着悦耳的音乐，还有啾啾的鸟鸣相伴。杜鹃和鹡鸰最常见，还有林莺、红隼和伯劳来光顾。考察队中的王宁博士是鸟类专家，我不认识的种类一问他都知道。午后想看看塔西河组，找到了露头，不过却因为泥岩风化后经雨水的作用结成硬壳，无法看到原生层位。原来的地质队报告中说有象化石，但似乎不是从这个剖面找到的。

另一天去沙湾县金沟河，沿水渠上溯，一直到渠首绿树浓荫的管理站。近处有怒放的海罂粟，在辽阔无边的葱葱农田之上则是高与天齐的皑皑雪峰。我们先沿一条公路从河西岸向上观察，剖面在东岸发育很好，有完整的新生代地层，呈高角度的单斜产状。

车过不了河，东岸也没有路，我们就返回渠首，徒步前往剖面，主要观察了安集海河组和沙湾组。地层和山坡都非常陡，风化的表面特别滑。天气炎热，完全是夏天了，正午时仿佛一切都要蒸发，在沙湾组的红色地层中更让人眩晕。以前在这里发现过一具完整的准噶尔巨犀头骨，这次我们在安集海河组的绿色岩层中找到了鱼类骨骼。

再次前往玛纳斯河西岸，这是此次考察在新生代地层中发现完整鱼化石的唯一地点。从石河子出发，在浓密的林荫道中穿行，途经有名的农垦第一连。开始在一级阶地之上的地层露头寻找，但没有发现较好的标本，只有一些鱼骨碎片。重新回到第一天去过的层位，果然又采集到完整的鱼化石，算是给明天离开的部分队员送别的礼物。

去考察塔西河乡附近塔西河组命名地点，早上天就阴沉沉的。还未到南山方向，已经下成中雨了，无论停不停，到剖面的路都无法进去，只能放弃今天的野外工作。我们决定离开石河子前往奎屯，去考察西面的地层。冒雨向西行驶，路旁的棉田已经种上秧苗。天山北缘的城市一个接一个，距离都非常近，很快就到了奎屯。

接下来的阴天也很好，不似前几天的酷热，在野外感觉更轻松。首先前往位于沙湾县和乌苏市之间的安集海，这里的地层出露很好，从西域砾岩直到安集海河组，不知其下是否还有紫泥泉组，我们未沿沟追索。

安集海河在这套新生代地层中切出巨大而深邃的峡谷，两壁的上半部是乌苏群砾岩。灰郁的天空、壮阔的峡谷、陡峭的悬崖，这样的景观还应有强劲的生命展示。恰在此时，一只高山兀鹫正居高临下俯瞰着它的领地，为磅礴的画面添上动感的一笔。悬崖下一条简易公路插向河边，过桥连接一座煤矿，大量重载卡车轰鸣着吃力地爬坡。桥周围正是安集海河组最发育的区域，也是这个组的命名地点。我们在此工作，发现有许多介壳层，主要是腹足类，也有双壳类，每层以不同的种类为主体。砂岩和泥岩中都有大量脊椎动物化石碎片，主要是鱼类的，还有鳄鱼的。

这时下起雨来，我们赶紧把标本包装好，再沿道路前进。雨天路滑，很难行，我们一直向南往山根方向，希望看另一个地点。这里的道路都是开煤矿所用，直到驶上山根的国防公路，条件才有所改善。绿草如茵，衬托着高耸入云的针叶林，是天山最迷人的景色，考察队中来自美国堪萨斯大学的苗德岁博士就被完全迷倒了。草地和森林阻止了水土的侵蚀，造就了哈萨克民

1 清水河多彩的地层

2 高山下的农田

3 天山北麓的鸟类

白顶䳭（*Oenanthe pleschanka*）（3-1）；蓝胸佛法僧（*Coracias garrulus*）（3-2）；石鸡（*Alectoris chukar*）（3-3）；大杜鹃（*Cuculus canorus*）（3-4）；横斑林莺（*Sylvia nisoria*）（3-5）；红隼（*Falco tinnunculus*）（3-6）

族的牧场。在湿润的空气中座座毡房像是绿野上勃勃生机的白蘑，那一面迎风飘逸的红旗灿然明亮了被雨雾迷茫的苍穹。可是雨还在不停地下，雾也使能见度降到最低，只能往回走，花费了相当长的时间才回到奎屯。

乌苏南面的天山前，从地质图上看有一大片新生代沉积出露，经过此前的探路，我们就继续开展工作。天色阴沉，但雨还没来，我们按计划出发，一路向南。路上在一个土堆上看见一只石鸡，佛法僧很多，还见到一只戴胜。开始找的路不对，在草原上转了一大圈，进不了山。我们再研究地质图和地图，决定向南到山根，沿向西的路，到将军果勒再顺沟北下，就应该能看见好的剖面。

山根的针叶林茂盛，已开辟成旅游区，但里面的道路都还在施工。到了将军果勒，果然有北下的简易道路。这时候开始下起雨来，车在泥泞中努力前进，最后决定转向西面的一条沟，因为有更宽的路。顺利到达剖面，发现从紫泥泉组到塔西河组的地层，中间的安集海河组内也找到了介壳层和脊椎动物碎片密集层。雨再次袭来，还伴随着电闪雷鸣，于是决定今天不再找化石。

出山来，却没有一点下过雨的样子。于是东行，从将军果勒再南上。一进山，雨又大起来，我正感觉要下冰雹，瞬间暴雨就转成了冰雹。地面洪流开始聚集，四野一片白茫茫，剖面都看不成，只好返回。可一出山边，雨又停了。再往北的村庄，地面都是干的。时间已晚，只能返回奎屯了。

我在天山北麓的考察暂时结束了，与古脊椎所其他队员告别，5 月 21 日将前往喀什与中国科学院地质地球所黄宝春研究员的研究组汇合。奎屯到乌鲁木齐有 200 多公里，当然，高速公路可以保证行车时间。早上 9 点出发，一路向东，又把来时的景观和地貌再看一次。虽然仅过了一周，道路两旁明显绿了很多，不少农民在地里干活，为棉花苗创造更好的生长条件。

12 点之前到达乌鲁木齐机场，在等待航班的时候看了喀什一带的新生代研究论文，对相关的地层有了更清楚的认识。起飞了，乌鲁木齐上空的污染很严重，天气也不好，大部分航程都浓云密布。飞行高度不大，特别颠簸。直到飞过天山，到达喀什附近，云层才消散，可以清楚地看见下面的红色岩系。

天山南面依然是干旱的盆地，四望都是被蒸发得滴水不见的景观。终于看见绿洲，在靠近山前有两三块，一块小一点的是阿图什，最大的就是喀什。

绿洲与沙漠的界线分明，人工的引水渠像护城河一样环绕着绿洲。

飞行时间 1 小时 45 分钟，没想到会有这么长，也说明新疆确实太大。黄宝春研究员派车到机场来接，他和其他队员在伽师的西克尔镇等我，离喀什 150 公里。路很好，到阿图什一段是高等级公路，其后的路面也可以开得很快。

我想直接去大山口的剖面，考察队还在里面工作。到沟口看到发洪水了，原来刚刚下过一场暴雨，便道都被冲毁。司机考虑了一阵，还是决定进去，在河道慢慢前进。两旁都是红色的新生代地层，还有采矿点，是石膏层下的铜矿。就在此时，他们的车也从里面出来了，我们汇合后一同到西克尔。住在水库管理站的简陋旅店，晚餐就在路旁的四川小店解决。

房间里没有水，外面的盥洗间也没有，早晨只好用矿泉水漱个口，脸就不洗了。早餐是四川小店的拌面，只不过是新疆风味，不是四川的做法。从西克尔出发向西到大山口方向，经过铜矿，路的北侧是第三系的红色地层。

昨天的暂时性洪水已经退去，我们沿河道慢慢找路前进，到了背斜核部，这里也有人在石膏层中采矿。我就在这里下车，其他队员继续向前到工作地点采集古地磁样品。我从核部开始观察地层，频繁出现的膏盐层显示有大量泻湖相沉积存在，在其中发现了腹足类口盖化石和大型的虫迹。

沟内一片寂静，后来听见石鵰的叫声，正在循声寻找它，谁知它竟然飞过来停在我头顶的帽子上。我能从地面上的影子清晰地看见它，最近的距离却无法拍照。我使劲动一下，它飞起来，停在旁边的石头上，一点也不怕人，吓都吓不走，有意思。今天还遇见两次蛇，一条细长的白蛇，后来又遇见一条稍微大一点的青蛇。

我边看边走，一直到停车处，前面的沟里大石挡路，无法再行车，队员们已经徒步进去。我到达他们的采样点时正好是中午，午餐有方便面，带了两壶开水进来。下午继续看地层，希望走到剖面顶部出现西域砾岩的地方，但地形破碎，穿了几条沟，一直工作到快晚上 7 点了。这里沟谷纵横，一会是顺走向，一会又是逆走向。看到一串大型食肉类的脚印，是狼还是狗?

我们就住在西克尔水库边，于是早晨太阳刚出来就去观鸟，看见一只骨顶鸡和一群棕头鸥，它们还挺怕人。新疆最重要的问题就是水资源的短缺，因此在干旱的戈壁和沙漠之间看见一湖平滑如镜的淡水，实在是难能可贵。西克尔水库面积数十平方公里，是一系列短暂季节性河流的尾闾，承担着下

1 深切的峡谷
2 哈萨克族人的牧场
3 喀什绿洲
4 阿巴克霍加麻扎
5 艾提尕尔清真寺

1 张弥曼院士（中）、佩德森博士（左）和本书作者在野外观察标本（王钊摄）
2 大山口的第三系剖面
3 西克尔水库
4 大型虫迹化石
5 傅睿思院士（右2）、苗德岁博士（右1）和冯文清高工（右3）等在采集化石（高伟摄）

游农三师伽师总场与伽师县玉代勒克乡几十万亩耕地的灌溉任务和几万头牲畜的饮水问题。西克尔小镇也很热闹，是通往喀什公路上的一个重要歇脚点。偶尔还能看见骑自行车旅行的，一个法国人也住在旅店，跟我抱怨太脏，说还不如用自行车上自带的帐篷扎营。

我在这里的任务主要是划分地层，随后的工作是指导考察队的乔庆庆等研究生在地层中寻找介形虫化石，分段采集后作为古地磁剖面的时代约束。完成了这项工作，我将返回喀什乘飞机，队员们也都要休整，于是我们全体同行。傍晚 8 点才从大山口出来，到喀什已经天黑了。定好旅店，就直接去挤满人的夜市，品尝典型的维吾尔拌面和羊肉串。我们的汉族司机土生土长于此，可以用流利的维语与店主和其他顾客交流。

第二天上午还有一点时间，抓紧到城里走马观花地看一看。当喀什还是疏勒的时候，张骞的到来使汉朝的势力控制了天山南麓。喀什绿洲东临塔克拉玛干沙漠，南依喀喇昆仑山，西靠帕米尔高原，北面横卧着天山的南支。绿洲四季分明、夏长冬短，为农业的发展创造了优越的条件。河流是绿洲的命脉，但这些河流大都是季节性的内流河，所以必须加以充分利用。昨夜坐着车看看喀什夜景，也能发现水域不少。

传说的香妃墓在城郊，这里是一个麻扎，也就是穆斯林先圣的墓地，香妃（和卓氏）实际上葬在河北遵化的清东陵。伊斯兰教在公元 10 世纪从陆路传入新疆，其建筑风格也随之而来，以清真寺和陵墓最具代表性。阿巴克霍加麻扎就是典型的中亚建筑，样式和装饰令人赞叹：穹顶、马赛克贴面、蓝花瓷图案。

我又去了艾提尕尔清真寺，其门楼砖砌，正中是尖拱大龛，左右以院墙连接两座宣礼塔，上有穹窿顶小亭，在院墙表面也有尖拱龛。

回程航线上的天气比来时要好，那些看过的地层可以从空中做大视野的观察，构造清晰可见。天山的冰雪世界和山下的一座座绿洲列队检阅一般，使人久久难忘这独特的自然景观和迷人的西域风情。

1978 年 7 月炎热的夏季里，一支四人小分队离开了北京的古脊椎所，他们要乘火车前往青海西宁进行野外地质考察，一辆嘎斯 69 型吉普也由货运列车载往西宁，将由队中的司机赵萍驾驶。率队的李传夔那一年刚刚 44 岁，已经是成果卓著、经验丰富的古哺乳动物学家，尤其是小哺乳动物方面的专家。邱铸鼎是一名年轻的研究人员，正在新组建的新近纪研究小组里开始学习从事小哺乳动物化石的研究。而王士阶是不久前分配到古脊椎所的南京大学古生物专业毕业生，此行是他的第一次新生代地质与哺乳动物化石野外考察。

这一次的考察任务缘起于古脊椎所收到的一封野外地质队来信。地质部青海省地质局石油普查队在西宁盆地的野外调查中发现了好几处哺乳动物化石地点，这引起了李传夔等人的极大关注。西宁盆地早在 20 世纪 30 年代就有哺乳动物化石的报道，胡步伍（Arthur T. Hopwood）在 1935 年发表了中新世的象类化石，步林（Birger Bohlin）在 1937 年描述了皇冠鹿化石。不过，这些报道都过于零星，古生物学和地层学的意义反映得

西宁盆地
新生代
小哺乳动物
泥岩透镜体
中新世
年代地层单位
石膏矿
锦鸡儿
利齿猪
古鄯驿

谢家剖面全貌

谢家组下部的青灰色石膏层清晰可见

并不清楚，因此来自西宁盆地的新的化石线索，引起了李传夔他们进行实地考察的兴趣。

到达西宁后，李传夔等人在石油队地质人员的带领下，首先前往湟中县田家寨公社的谢家村。湟中县实际上是西宁市的一个郊县，而谢家村离西宁市区更近，直线距离只有 13 公里。塔尔山将谢家村与原来的西宁机场分开，谢家村在山的东南坡脚下，而西宁机场在山北侧的乐家湾。石油队正是在谢家村后的山梁上发现了化石，当时有一条翻越山头的小路，后来修建了可行车的土路，直到最近几年这条路才铺上了砂石。

塔尔山完全由新生代沉积物构成，山的基部有不整合下伏的白垩系砂岩。西宁盆地的新生代地层在 1975 年被命名为下部的西宁群和上部的贵德群，厚达 3 400 米以上。随后，石油队在 1978 年经过详细勘查和研究，将西宁群分为洪沟组、祁家川组、马哈拉沟组，将贵德群分为谢家组、车头沟组、咸水河组。但是，此前这些组的时代大多缺少化石证据的界定，直到在谢家组发现了哺乳动物化石，石油队请来李传夔等人进行研究后才解决这个问题。

到达谢家村后，李传夔他们来到石油队发现的化石地点。这是谢家组紫红色泥岩中所夹的一个灰绿色泥岩透镜体，处在一条显著的青灰色石膏层之下。他们返回村里找到老乡，雇请了两人帮助发掘化石。那个时节，翠绿的小麦已长得非常茂盛，能够藏住敏捷的野鸡；田埂上绽放着粉红的打破碗花花（*Anemone hupehensis*），但干旱的山坡上植被却非常稀疏。几天下来，考察队收获颇丰，找到不少化石标本，主要是小哺乳动物的牙齿化石，还有少量大型哺乳动物的材料。化石尽管不少，但让李传夔他们遗憾终生的是：当时没使用、也没学会采用筛洗的办法在这个极宜用于水洗的灰绿色泥岩中采集化石，而是简单地用手掰的办法来挑捡化石，致使化石、特别是更细小的化石流失不少。如今回想起来，他们依旧内心惴惴不安、直呼后悔晚矣。

回到北京以后，他们对野外采集的化石进行了清理和修复，加班加点工作，很快完成了研究报告。1980 年 7 月出版的第 19 卷第 3 期《古脊椎动物学报》刊载了李传夔、邱铸鼎关于西宁盆地的第一篇论文，题目为“青海西宁盆地早中新世哺乳动物化石”，报道了在谢家组中的新发现，也就是现在非常著名的“谢家动物群”。石油队原来将西宁群细分为 47 层，把第 34～40 层指定为谢家组，谢家动物群产出于第 39 层，处于谢家组上部。李传夔他们 1980 年首次在正式出版物中使用“谢家组”一名，并根据岩性及所含的哺乳

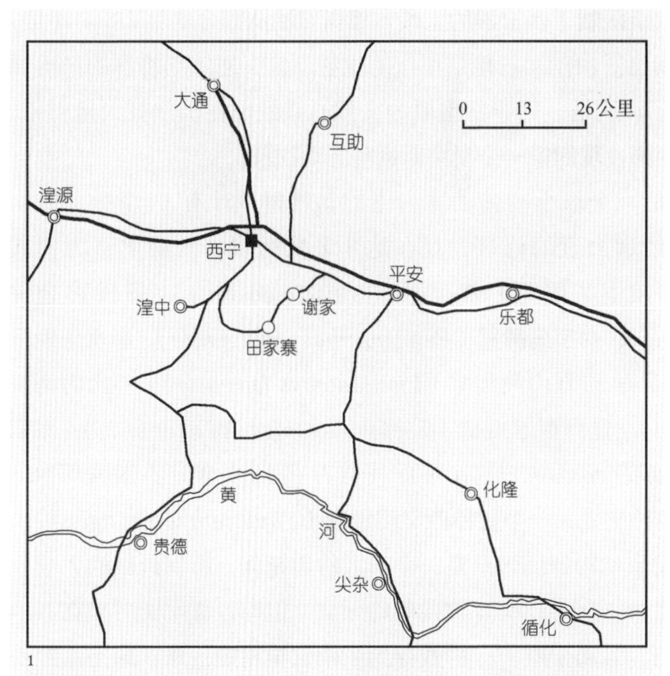

1 谢家的交通位置
2 1978 年古脊椎所考察队在湟中县（左起：邱铸鼎、赵萍、李传夔、王士阶）
3 谢家村简陋的房屋
4 俯瞰西宁盆地的地层和地貌

动物化石，将谢家组限制于西宁群的上段，相当石油队划分的第 38～41 层，时代确定为早中新世。由于岩石地层单位的重新厘定，谢家动物群的产出层位变为谢家组下部。这是一篇非常重要的文献，直到现在仍然被大量引用，因为它记述了在中国发现的第一个早中新世哺乳动物群。

谢家动物群是一个以小哺乳动物为主的动物群，计有 14 个种，其中包括 8 个新种。经过最近的修订，现在这 8 个以谢家动物群化石为模式标本的新种是肿颌中华鼠兔（*Sinolagomys pachygnathus*）、杨氏古仓鼠（*Cricetodon youngi*）、西宁副蹶鼠（*Parasminthus xiningensis*）、湟水副蹶鼠（*P. huangshuiensis*）、拉脊山简齿鼠（*Litodonomys lajeensis*）、孙氏阴河鼠（*Yindirtemys suni*）、青海似速掘鼠（*Tachyoryctoides kokonorensis*）、谢家中华古羊（*Sinopalaeoceros xiejiaensis*）。王伴月在 1997 年还将谢家动物群中当时的一个未定种建立为一个新种西宁阴河鼠（*Yindirtemys xiningensis*）。更有意思的是，谢家动物群因为只是一个不大的透镜体，所以产出的大哺乳动物化石材料非常少，犀类仅有 3 枚残破的牙齿，但邱占祥院士后来在其中识别出了巨犀化石，且属于唯一一种残存到中新世早期的巨犀，即秀丽吐鲁番巨犀（*Turpanotherium elegans*）。

1978 年的这次西宁盆地考察，李传夔一行不仅在谢家地点进行了化石发掘，同时在石油队的带领下，对整个盆地内已知的新近纪化石地点开展了深入的调查，取得了更多的化石材料。很快，邱铸鼎、李传夔和王士阶 1981 年在《古脊椎动物学报》第 19 卷第 2 期上发表了他们的第二篇论文“青海西宁盆地中新世哺乳动物”，报道了 8 个地点的 14 种化石，其中又有 3 个新种，即青海跳兔（*Alloptox chinghaiensis*）、中华巨尖古仓鼠（*Megacricetodon sinensis*）、民和丘型利齿猪（*Bunolistriodon minheensis*）。这些地点中除了谢家，还有湟中县总寨南川河、吊沟，民和县李二堡齐家、南哈湾沟、总堡隆治沟，互助县担水路等。

根据这些化石，李传夔、邱铸鼎、王士阶紧接着又在《古脊椎动物学报》第 19 卷第 4 期上发表了“青海西宁盆地中新世地层及哺乳动物群性质”一文，证明西宁盆地有比较连续的中新世沉积。他们的研究成果揭示出西宁盆地在我国新近纪地层的划分和对比中占有重要的位置，并可能为与欧洲有关层位进行比较，进而为中新世欧亚动物地理的研究提供线索。

国际上，各地质时期的层型剖面多以海相地层为依据，在国际地层委员

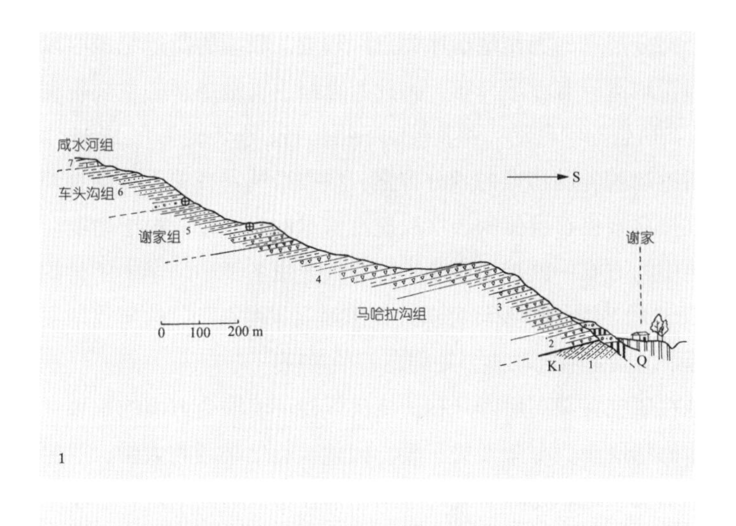

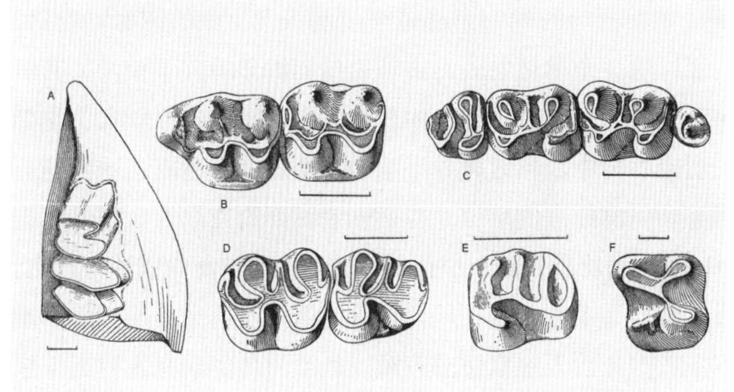

1 李传夔和邱铸鼎绘制的谢家剖面

2 谢家动物群代表性种类的颊齿化石
A. 肿颌中华鼠兔；
B. 杨氏古仓鼠；
C. 西宁副蹶鼠；
D. 湟水副蹶鼠；
E. 拉脊山简齿鼠；
F. 孙氏阴河鼠；
比例尺 =1 mm

3 从车头沟口向内眺望

会的推动下，一个高分辨率的海相地层序列已经建立。我国的新近纪地层以陆相沉积为主，海相地层只有零星分布，因此新近纪生物地层学的主要研究对象是陆相地层及其所含的哺乳动物和其他动植物化石。李传夔等在 1984 年首次提出了中国新近纪哺乳动物期的划分方案，根据系统发育关系将动物群按时间排序，并直接观察化石层位的层序以提高信息的可靠性。由于谢家动物群的重要性，他们的方案中就以谢家动物群为代表命名了中国早中新世的谢家期。1999 年第二届全国地层委员会正式提出建立“谢家阶”的年代地层单位，其时限就与中国陆生哺乳动物分期的谢家期对应。

由于西宁盆地在研究青藏高原隆升和新生代气候环境演变方面的重要意义，建立这个盆地的精确年代框架至关重要，因此，近年来西北大学、兰州大学、中国科学院地质与地球物理研究所等单位都在谢家剖面上进行了精细的磁性地层学工作，其共同的时代约束都是李传夔等人发表的谢家动物群。但由于地层的复杂性，这 3 个单位发表的古地磁剖面的年龄并不相同，其解释结果要么将谢家动物群的时代上推为中中新世，要么下移到渐新世，显然都与哺乳动物群表现出的早中新世时代并不吻合。实际上，造成这一问题有两个原因：一是谢家动物群的准确层位，二是谢家剖面的连续性。虽然在李传夔等人的文章中对谢家动物群的产出层位有比较明确和精准的描述与标定，但谢家剖面是一条以泥岩为主的剖面，风化剥蚀的结果使后来的局部地形地貌与几十年前并不一致，让后人难以按图索骥。最近的各位研究者对谢家组的划分与李传夔等人的原始定义产生了偏离，况且之前还有一个石油队的非正式划分方案，从而使问题变得更加复杂。而按照不同的谢家组分层，却依李传夔等描述的谢家动物群位于“谢家组下部”再去标定，显然只能得到错误的层位。关于剖面的连续性，谢家剖面是否完全连续？如果有缺失是位于什么层段？对这些问题的不同回答也必定会造成古地磁解释的差异。

我自己参与了西北大学对谢家剖面的古地磁采样工作。那是 2004 年 5 月，为了进行全国地层委员中国主要断代建阶研究项目中“谢家阶课题”的工作，我和西北大学的岳乐平教授、中国科学院南京地质古生物研究所的王伟铭研究员、甘肃省博物馆的颉光普研究员带领武力超等 2 名研究生和 2 名技术人员前往谢家。我们在西宁会齐，住在火车站附近一个地质队的招待所里。这次野外工作租了一辆面包车，坐上我们全体 8 个人很宽松。那时出西宁向东，路上车很少，道路宽敞，但尘土飞扬。走过十多公里后，向南转入通往田家寨乡的土路。开始一直在峡谷内穿行，两旁一个接一个的采石场将公路砸得稀烂。在颠簸了长长的一段路程后，终于驶出山谷，眼前已是一片红色的新生代沉积，谢家村到了。

我们先在村东路北面的沟谷中踏勘，沟口是露天的私营石膏矿，石膏的质量很好，产自马哈拉沟组内。在沟里穿行一段后，我们判断这不是要找的剖面位置。然后往西经过谢家村，从山坡上看下去，整个村子都是土坯平顶房，一片土黄，与四周的山头混成一色。看得出来，老乡都生活在极度的贫困中。又越过一条小沟后，终于找到村后的车头沟，反反复复上下几趟，又打电话回北京询问邱铸鼎老师，终于确定这就是要找的剖面。中午回村里休息，吃了自带的烧饼鸡蛋。下午学生在村里联系可以住宿的老乡家，我们去剖面寻找化石并采集孢粉样品。

选中的剖面在车头沟底，距沟口有 1 公里多的路。中午的烈日晒得人要晕倒的感觉，晚上回来后一个技工还真的发生了中暑的症状，赶紧送到医院治疗，好在没什么大碍。剖面四周的山梁都是光秃秃的，显现一片典型的新生代红色沉积，夹有一些青灰色的石膏条带，但沟底的一丛丛锦鸡儿让人感到一丝快意。化石并不好找，我只在车头沟组底部的砂岩中发现少量骨片。

没想到天气变化得这么快，昨日还骄阳似火，第二天早上一拉开窗帘却发现乌云密布，温度马上降下来。到剖面上时已经开始飘落雨点，但不至于影响干活，我们分为 3 组，各自找化石、采孢粉和取古地磁样品。风越刮越大，完全跟冬天的寒风一样刺骨，觉得穿上军大衣都不为过，温度下降到大概只有几度。我找到的化石只有一枚磨蚀严重的偶蹄类牙齿，无法做出准确的鉴定，这也说明当初李传夔他们描述的谢家动物群化石确实是难能可贵的发现。我们经过反复讨论，最终确定了古地磁剖面的分层工作，以便学生和技工留下来做细致而费时的采样工作。他们住宿的地方也联系好，是谢家村里一个比较干净的农家小院，主人在房间里还插满野花，环境不错。学生们的工作做得很好，采样的最小间距为 20 厘米，经过 23 天的艰苦努力，最后获得了 2 012 件样品，为古地磁分析打下了坚实的基础。

在谢家等一系列哺乳动物化石地点和剖面深入研究的基础上，中国新近纪哺乳动物生物地层学划分拥有了作为亚洲框架核心的最大潜力。为了综合亚洲各主要产化石国家和地区的哺乳动物群来构筑一个亚洲自己的新近系系统，2009 年 6 月在古脊椎所召开了“亚洲新近纪陆生哺乳动物年代序列国际研讨会”。会后决定编写一本权威的亚洲新近纪陆相地层及哺乳动物群专著，以后在美国哥伦比亚大学出版社出版。

为了完成专著中的年代框架建立，作为新近纪第一个期的谢家期的准确定义至关重要。因此，重新核实谢家动物群在谢家剖面上的准确位置成为迫切的工作，在邱占祥院士的提议下，古脊椎所的新近纪小组联合国内外多家研究机构的专家组成一支大型考察队伍，请李传夔和邱铸鼎两位谢家动物群的研究者重回故地。遗憾的是，当初古脊椎所考察队中的另外两位队员王士阶和赵萍已经去世。细心的李传夔先生还提前联系了谢家村的村长，请他帮忙查找当年参与发掘的两位村民。

我自己是第二次去谢家，上次住在西宁，从西向东到剖面，这次住在平安，自东往西。2011 年 6 月 10 日一早就前往谢家，从三十里铺分路，发现花岗岩峡谷内的采石场已经扩大到令人咋舌的规模。考察车队刚到村头，村长已迎了出来，并带着村民谢守彪，他就是当年参加发掘的一位。尽管 30 多年过去了，李传夔和邱铸鼎还是一眼就认出他来，而谢守彪也清楚地记得当时的情形和位置。由于事先村长已与谢守彪联系过，告诉了我们的来意，所以他带上车队直奔后山，来到半山腰，以无可争辩的肯定语气告诉大家准确的化石地点位置，就在翻山的简易公路边上。

实际上，邱铸鼎后来在 1991 年曾带着美国著名的小哺乳动物学家林赛（Everett H. Lindsay）博士来过这里，当时拍了照片，这次特地带着，拿出来与现场一对照，进一步证实了这里就是当年他们采掘哺乳动物化石的层位。

我们立刻在这个地点展开搜索，很快就有人报告发现了化石碎片，这是该层位含化石的有效信号，随后就布置了近期将回来进行筛洗的安排。然后兵分两路，大多数人留在谢家，看能不能再找到更多的化石，甚至发现新的透镜体，因为透镜体才富含化石，老乡还记得当时掰开土块就有许多鱼牙；我们这辆车的人则去民和寻找李传夔他们当年报道的民和丘型利齿猪的化石产地，因为新接到线索，说民和的三家圈最近有同样类型的化石发现。

我们在海石湾下高速公路，然后到达马场垣，从地图上看向南有条沟通到三家圈，但老乡说不能走车。于是继续东行到下川口，转而向南走隆治沟，这也是李传夔他们当年报道的产化石地区。在白武家发现有向西的岔道，进口掩藏在一条小巷中，是一条不错的砂石路，通往山上。一路问过去，终于找到三家圈，但现在仅有两户人家还住在这里，其余的房屋都废弃了，恶劣的干旱环境逼退了居民。这里似乎又回到了自然的世界，村子里能看见大群的岩鸽，野鸡也在自由自在地散步。

其中一家村民姓李，据他介绍，化石现在是临夏人在采掘，以前是同心人，再之前是他自己，化石主要是铲齿象，与李传夔他们报道的民和丘型利齿猪的时代相同。我们去到山谷下的化石点，在灰绿色砂岩中有很深的坑道，据说化石相当丰富，一年可采 20 吨。村民说还有马化石，拿来一点残留在他家的碎片，我们识别出是三趾马。再一细问，说产于比铲齿象更高的层位，即红黏土堆积中。他说另有一个地点，在总堡乡来家山有更多三趾马动物群的化石，而总堡也是李传夔他们提到过的，所以我们决定第二天去找这个地点。

重返民和，次日走巴州到古鄯的路，这是一个正确的选择，路况非常好，两边的植被也很茂盛，许多地段都是树林。巴州是民和县的一个镇，明初称巴川，洪武年间设驿站时，在“川”上加了三点，仿佛是驿站新建的三所房子，而改称巴州驿了。在地质上，这里被称为民和盆地巴州凹陷。十多年前的 1994 年底我曾来过，那时石油公司在这里进行钻探，我们前来采集钻井的岩屑样品，对地下的地层进行沉积相分析。还记得当时的交通非常不便，坐火车到民和后，找不到前往巴州的班车，最后搭了一辆拖拉机到达钻井队现场。天已经暗下来，山里小镇初冬的天气很冷，看见一队队做完礼拜的回族村民正在归家的路上，当时写下的印象至今仍历历在目：

民和山中见月

月出寒山满地辉，翻惊鸟雀绕枝飞。

阿訇高塔传宣礼，白帽高低向晚回。

根据研究结果，我在 1996 年发表了“民和盆地巴州坳陷中侏罗-下白垩统沉积相序列及其含油气性”一文。民和盆地是一个在印支运动后发育于中祁连隆起带东端的中-新生代断拗山间盆地，由西南部的巴州坳陷、中部的周家台隆起和东北部的永登坳陷三部分组成。盆地中之前已开发了一个小型油田，为了进一步探索巴州坳陷的含油气性远景，我根据钻井剖面并结合地面露头，利用岩性、沉积构造、粒度分析、古生物化石、地球化学特征、测井曲线、沉积韵律和沉积旋回等资料，对巴州坳陷井下的中侏罗-下白垩统地层进行了沉积微相的划分，初步建立了窑街组–河口组的沉积相序列，并探讨了沉积相与含油气性之间的关系。

中生代地层之上覆盖的新生代沉积是 2011 年考察的目标层位，工作重心是寻找哺乳动物化石。快到古鄯，出现一个水库，但今年的水位很低，水尺已经高高悬在水面之上。到古鄯，小镇还建了一座民国风格的门楼，上书“古鄯驿”三个大字。在街上打听，得知来家山既不在总堡乡，也不属古鄯镇，而是柴沟乡的村子，这跟我在网上查到的信息一致。

我们回到水库，问到了明白的人。来家山就在不远处的山上，车勉强能上去。果然，土路很不好走，不少地段车都是紧贴山壁才能提心吊胆地过去。来到山顶的来家山村，这是回族聚居地，建有漂亮的清真寺。一户人家正在搞活动，邀请阿訇出席，每个人都穿着灰色的长袍礼服，非常隆重。他们热情地告诉我们挖龙骨的地点，两位老汉搭上我们的车带路。剖面就在村子下的西坡，红黏土地层出露巨厚，有老乡采掘化石的坑道。我们自己也找到原生的大唇犀颊齿，确定是三趾马层无疑。考察结果证明，李传夔和邱铸鼎等人报道的包括民和在内的西宁盆地确实是一个富含新近纪哺乳动物化石的地区，在古生物学、地层学和动物地理学上都有重要的价值。

《亚洲哺乳动物化石：新近纪生物地层学和年代学》2013 年已由哥伦比亚大学出版社出版，谢家阶作为亚洲新近系的第一个阶得到了国际同行的广泛认可。也是在 2013 年，全国地层委员会主持的《中国地层表》编撰完成，谢家阶位列中国地质历史“编年表”的正式时间标尺之中。我们欣喜地看到，1978 年那个夏天由李传夔等人在谢家小村播撒的早中新世哺乳动物化石和生物地层研究的种子，已经结出了丰硕的成果。

1 1991 年邱铸鼎带林赛来谢家考察

2 2011 年李传夔（左）和邱铸鼎（右）重访谢家时与谢守彪在化石地点上

3 2011 年谢家考察的全体队员

4 在三家圈的利齿猪化石地点

海岸山脉和内华达山脉沿南北走向纵贯在北美大陆西部，它阻挡了太平洋的潮湿气流，使山脉以东的美国内华达等州变得异常干旱。从旧金山乘机去拉斯维加斯（Las Vegas）的航程上可以清楚地看到这个变化，1个小时后就从苍绿的湾区来到毫无生机的干涸之地。在飞机的舷窗上已经清楚地看见了这个沙漠城市的面貌，拉斯维加斯的周边环绕着1 000～3 000米的高山，裸露的岩石大多呈褐黄色、还有的赤红，而市区规划成棋盘形的方格，已开发好的部分可以见到一点人工栽种的树木，尚未建设的地方就完全是黄沙铺就。让人想不到的是，拉斯维加斯的西班牙语的含义竟然是“肥沃的青草地”，因为它是荒凉的沙漠和戈壁地带中央唯一有泉水的绿洲。

拉斯维加斯周围的地层都出露得很好，这里的地貌和植被与我从前去过的莫哈韦（Mojave）沙漠的加州部分很相似，实际上它们同属于一个大范围的地貌单元。这次我们来参加2011年在莫哈韦沙漠和大盆地南部的野外考察，主题是冰期时代湖泊和泉华沉积物中的脊椎动物化石，考察将持续三天。在每一个考察地点，埋藏脊

内华达山脉裸露的岩石

曼尼克斯湖盆

椎动物化石的沉积物都与地表水和地下水有关，而水的变化显然受到更新世气候环境的影响和控制。

第二天一大早，在拉斯维加斯的巴黎饭店外看到了印有 SBCM 标志的车，这次考察是由加利福尼亚州的圣贝纳迪诺县博物馆（San Bernardino County Museum）负责组织的。8 点钟从集合地点出发，三辆越野车加一辆皮卡，我们的队伍有 17 人，很热闹。首先越过内华达州与加利福尼亚州的边界，沿 15 号州际公路前往第一个观察地点韦尔斯（Wells）山谷，它位于莫哈韦国家保护区内。在韦尔斯山谷的公路两旁都可以看到广布的晚更新世细粒沉积物，由地下水淀积形成，对比现在莫哈韦荒漠的干旱状态，可以看出气候发生了多么巨大的变化。地层的结构通常是由地下水碳酸钙淀积物和细粒的河流或风成沉积物组成，还包含有机质。在冰期时代，莫哈韦沙漠的地下水位明显高于现代。韦尔斯山谷的地下水补给来源于东面不远处的克拉克（Clark）山脉，我们站在观察点上就可以清楚地看到地形的高低差异。

考察队中有几位熟悉本地情况的专家，他们分别来自圣贝纳迪诺县博物馆、拉斯维加斯博物馆和内华达州立大学，其中圣贝纳迪诺县博物馆的斯科特（Eric Scott）馆长是我熟悉的同行和老朋友，他担任这次考察的队长。总是一个专家先介绍一段地层的沉积情况，然后另一个专家介绍相关的化石。在这套地层中发现的哺乳动物化石对时代的确定起到了重要的作用，包括底部的上新世至早更新世的对齿鼠（*Symmetrodontomys*）和食蝗鼠（*Onychomys*），以及更高层位的早、中更新世的南方猛犸象（*Mammuthus meridionalis*），最上部的地层中发现过一枚晚更新世的哥伦布猛犸象（*M. columbi*）的颊齿。哥伦布猛犸象常常被错误地称为哥伦比亚猛犸象，这是因为其拉丁文种本名 columbi 被想当然地与地名 Columbia 相联系。其实熟悉拉丁文命名的人都知道，“i”是种本名中跟在人名后的词缀。哥伦布猛犸象发现于北美洲和中美洲，从未出现在南美洲国家哥伦比亚，其得名也与有这种猛犸象分布的加拿大不列颠哥伦比亚省无关，就是为了纪念哥伦布（Christopher Columbus）发现美洲大陆而命名的。韦尔斯山谷发现的大哺乳动物化石还包括真马、骆驼、叉角羚、一种郊狼大小的犬科动物和一种大型的猫科动物。在我们观察的化石点上可以见到化石碎片，它们非常脆弱，裹着一层碳酸钙外壳。小型的脊椎动物化石包括树蛙、蟾蜍、蜥蜴和蛇的遗存，还有兔、囊鼠（*Thomomys*）、更格卢鼠（*Dipodomys*）、鹿鼠（*Peromyscus*）

1 沙漠中的耐旱型植物
2 韦尔斯山谷
3 荒漠国家公园

和林鼠（*Neotoma*）。化石虽然不多，但都已有相关的论文发表。

第二个地点曼尼克斯（Manix）湖是开阔而低洼的沉积盆地，有很厚的沉积物。在晚更新世时期，莫哈韦河源源不断地流入曼尼克斯盆地，使这个湖盆的最大深度达到 60 米，覆盖面积有 220 平方公里。想不到现在已变成荒漠，主要植物仅有耐干旱的百合科丝兰属的约书亚树（Joshua tree，*Yucca brevifolia*）。在这套沉积物中有丰富的晚更新世大哺乳动物群，主要由已灭绝的骆驼和羊驼组成，也包括地懒、猛犸象、恐狼、短面熊、锯齿虎、山狮、叉角羚、绵羊、野牛和真马等，小哺乳动物只有长耳大野兔。整个脊椎动物化石的名单多达 55 个种类，其中有丰富而保存良好的鸟类，特别是雁形目。这个动物群中只有一种鸟类以小哺乳动物为食，就是猫头鹰，其他的鸟类都是以小型鱼类、水生植物和无脊椎动物为食。在美国，对于这些重要的地质遗迹都有非常严格的保护措施，在这里进行化石发掘需要得到国土管理部门的批准。曼尼克斯湖的地层根据第四纪气候变化进行了详细的划分，反映出冰期和间冰期的不同沉积类型。

中午在一处荒漠国家公园野餐，这里没有服务人员，但露营的设施准备齐全，游客可以自助使用。考察队已采购了食物和饮料，美国人的习惯是很多东西都要冰镇的，所以皮卡车上就在保温箱内预备了不少冰块。公园建在季节性河流的河床上，现在没有流水，但灌木生长得很茂盛，其中建了一系列的凉棚。灌木边上都有木质的隔离桩，禁止车辆驶入，避免对植物造成损害。我们吃饭时，北美花鼠（*Tamias*）就在四周转悠，寻找可能的食物。

第三个地点是阿弗顿（Afton）峡谷，也被称为莫哈韦大峡谷。观察点在 15 号州际公路南侧，就是阿弗顿次级盆地的边缘。这里的植物似乎含有丰富的钙质，使其干枯的枝叶看起来又硬又脆。我们观察到强有力的岩石学证据，它记录了来自更新世的曼尼克斯湖水第一次侵入阿弗顿次级盆地的沉积物。阿弗顿峡谷是在更新世末期由莫哈韦河冲刻出的又深又宽的河谷。在河的南侧，平坦的绿色湖湘沉积物和含砾石的薄层扇三角洲沉积不整合地覆盖于更老的新近纪岩石之上。曼尼克斯湖通过阿弗顿峡谷的下泄被认为是一次灾难性事件，整个过程只持续了 10 个小时左右。

第四个地点是特科帕（Tecopa）山谷，在曼尼克斯湖的北面和东面，是晚更新世的特科帕湖留下的遗迹，位于加州因约（Inyo）县的特科帕和肖肖尼（Shoshone）部落附近。特科帕湖比曼尼克斯湖更老，其最广阔的时期也

1 火山灰沉积表面保留的哺乳动物脚印

2 冰期产生的揉皱作用

3 隐秘谷的冲沟

1 地层中暴露出的象牙化石
2 发现骆驼骨骼化石
3 树桩泉的碳酸钙沉积

比曼尼克斯湖大，面积有 250 平方公里，最大深度达到 120 米。特科帕湖记录了 300 万年以来在大盆地南部由于内华达山脉上升所引起的气候变化的影响。可以观察到的地层厚达 100 米，由更新世的深湖相沉积夹冲积、沼泽和风成沉积组成，其中包含多层火山灰。在湖相沉积物中保存了许多化石，与莫哈韦沙漠的其他更新世哺乳动物群一样，占统治地位的大哺乳动物是骆驼，多达 5 个种类。在这个地点特别有趣的发现是山羊驼（*Capricamelus gettyi*），它是一种具有高山适应性的骆驼，与山地羊的特点相似，是在 2005 年被正式描述的。实际上，最早的标本由两位业余爱好者在 1971 年找到，后来由洛杉矶自然历史博物馆的古生物学家进行了科学的发掘。山羊驼的重要意义在于：它既有一些原始的性状，如未愈合的掌蹠骨，又具有一系列进步适应性，包括缩短的颈部和尾巴以及有力的四肢，这些特点被解释为适应类似山地羊的生活。

这个盆地的化石大多数都发现于同一个地点，化石主要为骆驼的肢骨，不同寻常的是它们通常以直立的状态保存，缺乏与其相连的脊椎骨，由此这个盆地得到了“立驼盆地”的绰号。其成因被解释为骆驼在古代特科帕湖的岸边陷入淤泥的结果，所以四肢得以保存在淤泥形成的泥岩中，而身体部分由于未被掩埋，最后没能保存下来。其他的化石碎片还显示存在叉角羚、长鼻类和野马，小哺乳动物则有鼩鼱、兔子、松鼠和更格卢鼠，动物群中还存在火烈鸟的化石。这里有厚层的火山灰沉积，在其覆盖的岩层面上保留有哺乳动物的脚印，现在暴露出来，我们在指引下很容易就看到各种类型。

来到最后的地点，太阳马上就要下山了。晚上到一个小镇住下，大家一块到餐厅，各自点自己的食品。次日早晨 7 点半出发，行程中也都是莫哈韦沙漠中的地点，称为帕伦普（Pahrump）谷地，据考察领队说，这里有大盆地南部出露最好、分布最广、时代延续最长的泉华沉积。

首先考察的是沙漠中的第四纪露头，说是沙漠，实际上有很多植物，当然主要是典型的干旱区植物。当地保护区管理人员也开了一辆越野车随行，然后给大家做详细的讲解。在这里观察到古土壤层，化石碎片也有一些。发现有新鲜的山羊粪迹，但没有看见动物本身。该地有大型的断层发育，地下水就是沿这些断层渗出而形成泉华堆积，记录了从冰期到间冰期的地下水位变化，而现代的地下水位是在 5～30 米的深度。

接下来去的隐秘谷（Hidden Valley）是一个冲沟，有 7 米深，由于第四纪晚期泉水渗出而冲刷形成。沟壁上有很多神龛遗迹，看来以前是一个不小的宗教场所，还有耶稣塑像，不过头、手都断了。地面上有很多子弹壳，应该有人来此打猎。在崖壁上出露有一枚巨大的象门齿，截面很清楚，在这里发现的化石还包括骆驼和真马。

然后到树桩泉（Stump Springs），其得名与泉华堆积有关，因在泉华中发现有树桩的缘故。这里的泉华规模庞大，到处都能看到，泉华中还嵌有植物叶片化石，地层中也有化石暴露，是骆驼的骨骼，还有丰富的水生螺壳化石。不同时代的泉华堆积得很有规律，时代较晚的泉华堆积在由较老泉华围成的盆状中心。看完这个地点，我们就地野餐。

下午跑的路不少，紧邻95号公路的莱斯罗普（Lathrop）泉地点是第四纪硅藻土沉积，几乎白亮的一片，厚度达到3米，在阳光下分外刺眼。在地面上随处就能看到有马牙的釉质碎片，在这个地点发现的其他化石还包括猛犸象、骆驼和长耳大野兔。这里也是保护区，而我们是非正规的采集，因此大家观察完在剖面上见到的化石，就将其放回原位。硅藻土中还发现有介形虫，说明当时有流水和水坑，而不是低洼的湿地。

最后一个地点在玉米溪泉（Corn Creek Springs）国家野生动物保护区，由美国鱼类和野生动物局管理。我们远远地观看了一套地层，也是受更新世的冰期和间冰期不同地下水位交替影响的沉积。这里建有一个度假区，主要是高尔夫球场，就位于沙漠中。一池清水，代表了现代地下水位，顺断层涌出而汇聚成湖，湖面上浮满水鸟，岸上还有野兔和鹧鸪。看完地层剖面，晚上住在北拉斯维加斯，实际上就是拉斯维加斯的北区。

第三天的考察内容是上拉斯维加斯冲沟的地层。早晨起来风不仅很大，还有些刺骨的寒意。第一个地点吉尔克瑞斯（Gilcrease）农场在一片建筑区内，邻近吉尔克瑞斯自然保护地。从地质上看，这个地点位于峡谷洪积扇的远端，曾经发现过猛犸象牙，是这个地区化石最富集的地点，已报道的化石包括猛犸象、真马、骆驼、羊驼和野牛，还有未确定属种的食肉类，以及文化遗物。不同寻常之处在于化石主要是哥伦布猛犸象的孤立颊齿，却很少有骨骼化石发现，这个现象被归因于在高碱性泉水中骨胶原易快速降解。地层的时代属于更新世最晚期，被全新世的沉积物覆盖。这个地点是私人所有，但主人吉尔克瑞斯对古生物研究非常支持，他从1920年还是一个孩子时就居住在这里。现在这里建了一个鸟类保护中心，饲养着各种各样的鸟类，鹦鹉

1 第四纪硅藻土
2 玉米溪泉聚水成湖
3 管状的泉华
4 自在的野兔
5 精彩的讲解（讲解者为斯科特馆长）

尤其多。

这个地点是一个 5 米深的大坑，由吉尔克瑞斯用反铲挖土机挖掘。他在 20 世纪 80 年代挖掘富含有机质的沙土用于花园种植，由此发现了猛犸象牙齿化石。到 90 年代，一些业余的古生物爱好者来这里进行发掘，采集的化石就保留在原址。研究者采访过吉尔克瑞斯，请他回忆在 20 世纪早期这处泉眼的情况。他说，当时的泉眼处形成一个直径 1.5 米的很浅的水池，池中有几处冒沙孔，活水从中流出。由于地下水位的降低，到 40 或 50 年代这个泉眼干涸了。吉尔克瑞斯地点有时被称为一个泉水岗，但今天已经完全没有山岗状的地形了。这里丰富的猛犸象牙齿化石提供了一个重建当地猛犸象种群年龄结构的机会，其结果显示以幼年和青年个体居多。

我们接下来将车一直开到拉斯维加斯北面的山根，这里是一片巨大的冲积扇。扇上有一条大的冲沟，切出扇下部的白色地层，是更新世的沉积，里面发现过哺乳动物的化石，已经有一个世纪的研究历史。1903 年最早报道的是象化石，当时认为是乳齿象，现在判断可能是猛犸象。随后在 1919 年又发现了真马和野牛的化石，还有已灭绝的北美狮。这些材料也是最早在拉斯维加斯地区发现的脊椎动物化石，现在收藏在伯克利的加州大学古生物博物馆。

上拉斯维加斯冲沟后来又被考古学家所关注，因为在化石富集层中发现了一块黑曜石片，在该地区的自然状态下不产出这种岩石。著名的古生物学家辛普森（Ruth D. Simpson）本人尽管并没有亲自来拉斯维加斯进行发掘，但他在 1933 年发表了这个地点采集的化石，并把这些化石与远古人类的生活相联系，试图回答人类是否在冰期动物群灭绝之前就已经到达了北美。考古学家认为这里的破碎化石是古人类砍砸和烹饪所致，因为其中也发现了石器，还有大量炭屑。

从 20 世纪 90 年代早期开始，圣贝纳迪诺县博物馆就在上拉斯维加斯冲沟进行调查。早期工作与建设活动伴随的化石追踪和抢救性发掘有关，所以在范围上相当有限。90 年代后期，拉斯维加斯快速和大面积的市区扩张，使土地管理部门对包括上拉斯维加斯冲沟在内的地方开展了更严格的自然和文物保护，由此圣贝纳迪诺县博物馆发现了大量化石地点。许多业余爱好者也参加到这项工作中，他们用文字和图像的方式记录发现的化石，但不能自己扰动或者采集这些化石，而要由古生物学家组织科学的发掘。

我们在这里的考察内容都与地质背景相关，特别是大量发育的泉华沉积，想象得到这里曾经是水草丰茂之地，如今变成了荒漠。我们参观了两个发掘点，其中一个正在进行。在图尔（Tule）泉地点，晚更新世化石相当丰富，因此得到一个“骨堆”的绰号，发现的材料包括一雌一雄两个已灭绝野牛的骨架，还有骆驼、北美狮（*Panthera atrox*）、地懒和野兔的化石。这个地点被解释为一个涌泉或者泉水沼泽，野牛不幸掉入其中而亡。

风越来越大，中午就在风中野餐，我是坐在车上吃完的饭，否则沙子太多了。我们在这一带考察时，人员又增加了 20 多个，浩浩荡荡的队伍，一长排的越野车队，很是壮观。沿上拉斯维加斯冲沟观察了一系列剖面和化石地点，由于城市已经扩大到这片地区，因此领队介绍说这是真正的城市古生物学。

最后考察的是上拉斯维加斯冲沟内的第四纪末期“凝固在时间里的碳酸钙河流”，这是第一个在北美识别出来的河流泉华系统。蓝藻岩是亚球形到扁圆形的叠层结构，在低水流状态或静水条件下围绕一个碳酸盐、泉华或树木碎屑等核心形成，可生长到 15 厘米或更大。这些碳酸钙泉华展现了独特的形态，相似于贯通的流水网络，非常接近现代和全新世早期上拉斯维加斯冲沟的流水系统，不仅壮观，更是一种难得见到的奇观。

去泰国的早班飞机 6 点 50 分起飞，所以 4 点就起床去机场。这么早的航班不多，候机大厅里空荡荡的，连商店都还没有开门。将要乘坐的飞机从曼谷过来，到港的乘客很少，而登机后才发现，我们航班上的乘客更少，只有不到十分之一的座位有人，造成这个问题的原因就是 2011 年的曼谷洪水。我本来预订的是中国国际航空公司的飞机，但由于洪水阻挡了很多出行的人，航班取消，不得已才决定坐泰国航空公司的这趟飞机。

飞机快到曼谷，打开窗户遮光板向下望去，洪水还没有消退，曼谷周围依然是一片泽国。靠近海岸的低洼地势使曼谷在这一场史无前例的洪水面前失去了防范之力，湄南河突破堤防的束缚恣意泛滥。许多房屋浸泡在水里，道路也时断时续，而廊曼机场完全是一个大水池，飞机都停在水里。想象不出这些湖一样的积水最后如何排空，泰国这次遇到了大麻烦。

我们先从湄南河上空飞过，然后从海上折返，降落在素万那普（Suvarnabhumi）国际机场。泰国的边防和海关很快捷，看完护照就放行。虽然是 11 月底，

曼谷洪水
那空叻差是玛
化石博物馆
紫色花蜜鸟
塔昌采砂场
无角犀
诗琳通公主
硅化木
披迈古城
普诺恐龙地点

呵叻徜徉

镶嵌在砾岩中的恐龙骨骼

塔昌砂坑的剖面

泰国还在35℃的高温里，我赶紧换成夏装。呵叻化石博物馆的同行汉塔（Rattanaphorn Hanta）博士已经来接，2009年在北京第一次与她相识。呵叻府是泰国东北部高原上的一个大府，呵叻（Korat）是其古称，现在的正式名字是那空叻差是玛（Nakhon Ratchasima），在泰语里是“狮城”的意思。我们就直接出发，公路虽然开通，但很多地段有水洼，不能开得太快。有些地方洪水高过路面，用沙包垒成的防洪堤挡着，外侧车道则成了灾民搭帐篷的临时避难所。

泰国是行车靠左，这在大陆国家很少见。在中途的一个小镇稍事休息，到处都可以看到佛塔佛像。从机场出来就是这番情景，乡村里依旧，泰国果然是一个佛教世界。我很喜欢泰式的尖顶建筑，既漂亮又独特。到呵叻府地界就进入高原，实际上海拔只有200～300米，不过，从海拔只有一二米的曼谷所处的中央平原看过来，高峻的地貌是突兀的。热带的气候让这里一年四季都苍翠墨绿，处处的乡村四野全被森林和稻田覆盖。

傍晚到达博物馆，离呵叻城还有20多公里，位于素那纳丽理工大学（Suranaree University of Technology）附近。我就住在博物馆的客房，一座很安静整洁的二层小楼。只是没有热水，大概是因为这里一直都很热的原因。日本福井县立恐龙博物馆馆长东洋一博士带领的同行也住在这里，他们在呵叻进行合作发掘。晚上大家开车去一个庭院式饭馆，很贴近自然，用餐时还有壁虎从亭子顶棚上掉下来。正宗的泰国风味，有比较多的辣椒，跟川味有共同之处，更像是云南的菜肴。实际上，由于博物馆在郊区，后来每次吃饭都是开车出去，比如早餐就在路边市场的小馆子。通常的食谱是饭团、炒菜和汤，饭用塑料袋装上，放在小竹笼里。这里的人都用手抓饭吃，但也提供筷子。

博物馆建在茂盛的树林里，夜里还能听见鸟叫，是夜行的鸟类，还是有别的动物打扰它们？早晨很早就起来，出去看看能不能拍到鸟。果然看见树上有一只戴胜（*Upupa epops*），远远地拍了一张，再往前想更近一点，它飞走了。这时，博物馆养的一群狗跑过来，搞不清楚它们是否友善，我捡了一根树棍，但还是回宿舍了，免得会有麻烦。后来博物馆园内的狗已经熟悉了，去看鸟就不用担心，但树叶特别密，鸟又很小，不容易拍到。在客座公寓的最后一天早晨成绩不错，至少有一种太阳鸟——紫色花蜜鸟（*Nectarinia asiatica*）拍得相当满意，而以前还从未仔细端详过这种鸟，其余的几种，就

1 呵叻化石博物馆
2 随处可见的佛像
3 恐象雕塑
4 紫色花蜜鸟雌鸟
5 斑姬地鸠
6 家八哥
7 与龙共舞

1 剑齿象骨架
2 长鼻类的演化
3 兽脚类恐龙骨架
4 给诗琳通公主讲解塔昌的犀牛化石
5 载歌载舞的欢迎会
6 晶莹剔透的硅化木

算是留个记录了。后来在化石考察的路上发现旅店周围的树丛中鸟儿也很多，斑姬地鸠（*Geopelia striata*）看得相当真切，另外最常见的就是家八哥（*Acridotheres tristis*）。

我在博物馆的工作是研究在塔昌发现的无角犀化石。开始时标本还在库房内的修复室做最后的处理，然后搬到办公室进行详细的研究，描述、测量、照相，效率不错。这段时间不仅要完成对标本的研究，还要准备一个在会议上交流的报告。塔昌位于呵叻市附近，这里有一些采掘砂石留下的深坑，沉积剖面由泥岩、砂岩和砾岩组成。当地工人在作业过程中常常发现有脊椎动物的化石，主要是哺乳动物，也有鳄鱼等爬行动物。这些化石材料被送交到当地的一些公共机构，特别是呵叻化石博物馆。2004 年在《自然》杂志上报道了在塔昌发现的古猿化石，此后引起极大的关注。从发现的化石看，包含了中中新世、晚中新世和早更新世的动物群，以象化石的数量最多。

呵叻化石博物馆的正式名称是“东北硅化木和矿产资源研究所”，隶属于呵叻皇家大学（Nakhon Ratchasima Rajabhat University）。福井博物馆与泰国同行合作命名了一个在呵叻发现的恐龙新属新种，取名素那纳丽呵叻龙（*Ratchasimasaurus suranareae*），素那纳丽是呵叻最有名的女英雄坤仁摩（Khun Ying Mo）的称号，她曾率领当地人民赶走了外来侵略者。呵叻皇家大学为这种新的禽龙举行了一个特别的仪式，邀请我参加。在地理系的楼外刚建成恐龙公园，有不同恐龙的雕塑，这片绿地的另一侧还有各种化石象的复原和许多立有说明标牌的岩石标本。乐队伴奏、舞蹈助兴、嘉宾云集，仪式非常热闹。泰国的学生，无论小学生还是大学生，都穿制服，也很好看，台下就坐了一大群，都是黑西装白衬衣，女生着裙装。

我按计划结束了在博物馆的研究工作，前往呵叻市内参加“世界古生物学与地层学大会”。一路上都能看到金碧辉煌、尖塔高耸的泰式风格小乘佛教庙宇。到旅店报道注册，准备开会。会议组织得很好，除了论文摘要集，还出版了一本介绍呵叻化石的书，我研究的犀牛也列在其中。他们很仔细，所有出现这个犀牛的地方都是用无角犀未定种，等待我们正式文章的发表。后来我们的文章在 2013 年正式发表，命名为一个新种坡潘无角犀（*Aceratherium porpani*），种名赠与化石的发现者坡潘（Porpan Vachajitpan）先生。

泰国是君主立宪制国家，王室受到普遍的尊重，在呵叻举行的这次国际

1 班巴塞古人类生活场景
2 金碧辉煌的佛寺
3 郊野湿地中的睡莲
4 披迈古城的宏伟建筑
5 早白垩世恐龙化石地点
6 侏罗纪恐龙发掘现场

会议也被列为庆祝普密蓬国王 84 岁寿辰的活动之一，诗琳通公主将出席开幕式。我们被要求提前一个小时进场，完成公主到来之前的一系列准备手续。有大批安保和服务人员，座位也分区安排好，不断有通知，讲解注意事项。政府官员穿白色的军装式制服，其他人的服装也都有要求，将要接受公主授予大会会徽纪念品的人还要彩排三次队列和动作。

公主中午 1 点准时到达，跟着一大批随从，簇拥她到台上的皇家宝座就位。整个主席台都有纷繁的皇家装饰，然后开始复杂的仪式。此后是一个介绍呵叻化石的短片，还有两个大会报告，公主移到台下观看。接下来就是化石展览讲解，介绍在呵叻发现的化石新种。她对我介绍的犀牛很感兴趣，提了好几个问题，对化石看得也相当仔细。

会议首日的晚上是到呵叻郊外的一个公园举行招待会，仪式热烈隆重，盛装的青年男女列队夹道欢迎。先是品尝各种泰国小吃，都差不多饱了，然后再正餐就座，又是丰富的菜肴，已经不能吃下多少。宴会有一直不断的歌舞表演伴随，极尽灿烂的泰国文化展示，给人以最强烈的视觉和听觉冲击。泰国人非常热情好客，也许是东方人共有的特点。后来在野外考察的途中，诗琳通博物馆也在加拉信（Kalasin）城里的露天花园餐厅热情地设晚宴款待，自始至终都有歌舞表演，原本计划中 2 个小时的安排，4 个小时过去了主人还久久不肯结束。

呵叻古生物地层大会设有四个分会场，即脊椎动物、无脊椎动物、植物和地层专题。每天的时间都安排得非常紧凑，同时还穿插着专业和文化活动。此次会议一共有来自世界上 33 个国家的 270 多名代表出席，因此报告相当多。我在会议第 2 天就主持了一场古脊椎动物学的报告，而第 3 天上午是我自己以及两个学生的报告。

专业的活动是全体与会代表到呵叻化石博物馆，也称硅化木博物馆参观。虽然是科学博物馆，但也体现了泰国是一个佛教国家的特点，馆里有好些佛塔状的装饰性设计。博物馆的展出内容分为三个部分，即硅化木、象化石和恐龙。这里收藏的木化石超过一万块，很多就是在博物馆周围的新近纪和第四纪砂砾石地层中发掘出来的。园区的亭子内还有原地保存的硅化木发掘现场，让观众可以直观地了解这些化石的来历。这里在白垩纪曾经是恐龙游荡的森林，在中新世也曾是大象栖居的乐土，至今泰国还随处能见到大象活动。硅化木标本小到鹅卵石尺寸，大到直径超过 1 米的巨木，缤纷的色彩仿佛用

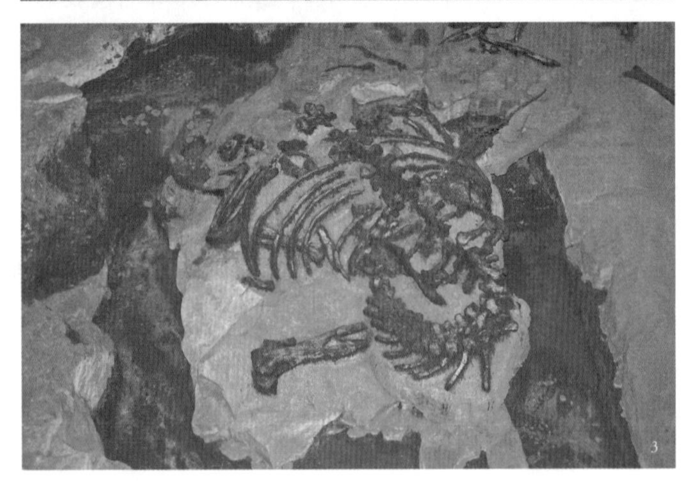

1 凶猛的暹罗暴龙
2 食肉恐龙骨架
3 原地埋藏的诗琳通布万龙化石

玉石聚成。

哺乳动物化石中，长鼻类最丰富，还有一具复原的剑齿象骨架。除了塔昌的标本，也有来自缅甸的象化石专题展览，揭示了它们过往的历史。实际上，塔昌（Tha Chang）中的 Tha 在泰语中是“水塘”的意思，“Chang”就是象。这“Chang”的发音与汉语中的“象”有些接近，不知是否有某种联系，三趾马和其他犀科材料也有，如矮脚犀（*Brachypotherium*），以及跟云南禄丰晚中新世动物群中接近的犀牛类型，因此应该有相同时代的沉积。

恐龙厅陈列着众多骨架，正在举办一个日本福井的恐龙展览。博物馆的各个位置都有或大或小的屏幕播放视频节目，是一个增加观众知识和延长参观时间的好手段。节目都是他们自己制作的，与博物馆的展出内容密切相关。

会议期间的文化活动是参观两个遗址，一是青铜时代墓葬，另一个就是著名的高棉古城披迈（Phimai）。车出呵叻，又是一派田园风光。在高原上也形成宽阔的夷平面，全都分布着水田，见到有收割机在作业，但大多数田里静悄悄的，只有白鹭在忙着捕鱼捉虾。班巴塞（Ban Prasat）青铜遗址在离呵叻市区 30 多公里的一个村子中，有小博物馆陈列发掘出土的文物，以陶器居多，并有雕塑和绘画复原当时人们的生活场景。遗址的时代为距今约 3 000 年前，古人们在这里大约生活了 500 年，他们种植水稻并驯养动物。博物馆对面是深埋在地下的发掘现场，这里的村舍与保护的遗址和谐交错，丝毫没有打扰乡民自在的生活。

披迈是最令人激动的所在，它仿佛就是吴哥的一角。确实，高棉著名的君主阇耶跋摩（Jaya Varman）七世在王国的西部边陲建成了这座城堡。披迈古城有四条入口通道，每条都有神圣的眼镜王蛇把守。在南亚人民的手里，坚硬的岩石就像是豆腐、泥块一样，可以任意切割和雕刻，垒成宏伟的佛塔建筑，表面布满了各种婆罗门教的神话故事和民族图像，放射着古代高棉的艺术光辉，震撼着我们的视觉和心灵。泰国对遗址的保护很得力，当然，民众的素质也是关键，这是一片神奇的土地。

3 天的会议结束后，期待中的地质古生物考察开始。出发的早上我起得很早，去旅店旁的一座寺庙拍照片。每天在房间里就能听到鼎沸的诵经声，去了发现果然是一座灿烂恢弘的庙宇，充分显示了庄严和神圣的信仰。泰国是一个宗教地位很高的国家，全国有成千上万座寺庙。它们的佛塔是钟形的，往往还包有金箔。方形或十字形的神社带有攒尖的屋顶，且是层层重叠的。

最特别的就是高翘的飞脊，精雕细琢、轩昂宏伟。

第一个考察地点是早白垩世的恐龙发掘现场，离呵叻化石博物馆只有几公里。这里遍布甘蔗地，在路旁的水塘中盛开着粉红的睡莲。正是收割的季节，很多人在地里忙着。农舍都很漂亮，红色的屋顶，有不少挂着的鸟笼，里面有珠颈斑鸠（*Spilopelia chinensis*），还有红耳鹎（*Pycnonotus jocosus*）。发掘现场就在薄薄的土壤之下，已经揭开，是一片红色的砾岩。奇特的是这些砾岩都被流水切割成独立的小块，切割的沟又窄又深，简直像人工设计施工的园林。恐龙化石作为沉积碎块分散镶嵌在坚硬致密的砾岩中，弯下腰来很容易就能发现。已发现的化石包括跃龙、禽龙、翼龙、鲨鱼、鳄鱼和龟类等，泰国、中国和日本的学者合作研究了这里的化石，其中一些标本就陈列在呵叻化石博物馆。

一路向北，去往我最关心的塔昌砂坑。砂坑在孟河（Mun River）边上，是由私人的采砂公司经营的，原来已有 9 个，现在刚开挖了第 10 个坑，远远就看见堆放着来自砂坑中的乌木。坑内可以观察到很好的砂层剖面，在采砂场的工棚中也有不少新近采出的化石，都呈黑灰的颜色，石化程度非常坚硬。依然是象的化石最多，还有牛科和鳄鱼的骨骼。实际上，已发表的塔昌砂坑动物群的化石名单中至少有 8 种象，其他的种类包括古猿、剑齿虎、三趾马、犀牛、石炭兽、河马、猪类、长颈鹿、鹿类、牛类和羚羊等，还有各种龟类以及树木化石。我在塔昌与呵叻博物馆的年轻研究人员 Jaroon Duangkrayom 进行了详细的交流，他参与了这个地点的主要发掘工作。Jaroon 在 2012 年来中国留学，成为我的博士生，并取了中文名字董佳荣。

化石坑周围到处是水塘，不时看见白鹭飞起。泰国只有三季，即夏季、雨季和凉季，现在正是凉季，但白日里依然热得像夏天，却没有雨，我已来这么多天，每天都是晴天。午餐就在砂坑附近小镇上，是四面通透敞亮的棚屋，我觉得这里最好的习惯是饭菜量恰到好处，绝不浪费。旁边的小食品店以鸡肉制品著名，挂着许多照片，王储、公主、总理都接见过在历次救灾中捐赠食品的店主。

后来在普诺（Phu Noi）参观恐龙化石地点时的午餐也是在小镇上，跟塔昌类似的风格，饭馆里同样挂了很多图片，甚至还有拉玛王朝 9 个国王的全像。普诺在呵叻北面的加拉信府，从塔昌前去算是长途旅程了。经过一下午的行车，我们在傍晚才到达绿色掩映中的加拉信市，在城郊的旅店住下，花园式的环境，一条小河环抱。

普诺的恐龙化石发掘工地在加拉信北部，离城市有两个小时车程。这里已是山地，是普潘（Phu Phan）山脉的一部分，化石点就在半山的侏罗纪地层中，看起来颜色和岩性都与四川盆地相似。发掘规模很大，是泰国和法国的联合项目，已经进行了3年。正在发掘的是大型蜥脚类，与马门溪龙相似，据说可能是已知最大和最早的蜥脚类恐龙。除了丰富的恐龙化石，这个地点已发现的脊椎动物还有淡水鲨鱼、硬骨鱼、乌龟和鳄鱼等。发掘出的化石就运到诗琳通博物馆，我们的下一个参观点。

诗琳通博物馆的规模和展览都超出了我的想象，在世界上也应该算是有名的恐龙博物馆之一。实际上，它是东南亚最大的恐龙博物馆，参观人数一年可达60多万。博物馆的建设也跟社会经济发展水平有关，因为费用巨大。这里的冷气开得特别足，这就是一笔不小的开支。博物馆还有一处原地遗址，与自贡恐龙博物馆的一个发掘现场陈列有些相似，诗琳通公主曾来此视察。原地遗址的时代为1.3亿年前的早白垩世，在其中发现的800多件骨骼标本属于两种蜥脚类恐龙的至少7个个体，其中一具是迄今为止泰国最完整的恐龙，被命名为诗琳通布万龙（*Phuwiangosaurus sirindhornae*）。

继续前往孔敬（Khon Kaen），在这里吃过晚饭，包括我在内的几个人将去机场乘坐8点钟的航班到曼谷，也有一些人坐夜班的客车去，大多数人明天才走。到机场，飞机晚点半个小时，机场也没有免费网络，大家就聊聊天。时间过得很快，可以登机了，而飞行时间更快，半个小时就到曼谷。我们有4个人要到市中心的旅店，订了一辆出租车。尽管已是12月，但旅店很热，不开空调无法入睡。在考察了泰国的化石，感受了南亚的风情后，很快就可以回国了。

地层学是地球科学的一个分支，它在世界范围内拥有数量庞大的研究者和应用者以及大量具体实践，在科学、技术、经济和环境领域变得日益重要。国际古生物学大会已经开过 3 届，第四届也将于 2014 年在阿根廷召开。作为古生物学姊妹学科的地层学还没有自己的国际大会似乎有些说不过去，于是，第一届国际地层学大会于 2013 年 7 月 3 日至 5 日在葡萄牙首都里斯本召开，开启了地层学研究的一个新篇章。

会议决定在里斯本召开，是因为它并非是完全新创立的，而是由以前法国地层委员会主办的会议扩展而来，2010 年在巴黎会议上决定此项改革，从此以后交由国际地层委员会主办，因此首届会议就在毗邻法国的葡萄牙举行。第一届国际地层大会的主题是“地层学的最前沿”，反映了地层学领域研究中的最新进展，包括新的方法、在工业中的应用以及社会的总体需求。主办方将里斯本描述为一个友好的历史悠久的城市，气候温和，还是一个容易靠步行来探访的理想城市，有着多种多样的吸引力，包括杰出的社会和文化体验，因此非常合适于

地狱之门的海浪

俯瞰里斯本

成为会议的举办地。更重要的是葡萄牙有非常发育的地层，能够为会议参加者提供实地考察地层的机会。

我于 2013 年 7 月 2 日到达里斯本，没有参加会前的考察。从机场到市内的红线地铁去年刚刚开通，这次正好给我们提供方便。地铁售票机上只有葡萄牙文，这让我不知道怎样操作了，只好找服务人员帮忙买了票。地铁车厢显得古朴，人很少，一点也不拥挤，从人山人海的北京过来，这样的反差尤为印象深刻。后来离开里斯本回国去机场时更加不可思议，因为离机场还有 3 站时，我所在的车厢里就只有我一个人了。

这年夏天似乎整个北半球的天气都非常炎热，葡萄牙也受到这一波热浪的袭击，气温甚至上升到 40℃，连组委会的葡萄牙同行都一个劲地说抱歉。这样的夏天以前在西班牙体会过，这是伊比利亚半岛的特点，但今年特别强烈。会议在古本凯恩（Calouste Gulbenkian）会议和展览中心举行，离旅店只有一站的距离，但走在灼热的阳光下不禁让人感到眩晕。这是一座由土耳其人捐建的著名博物馆，古本凯恩曾经是土耳其的石油巨头，二战期间在葡萄牙避难，当他在 1955 年去世之后，其拥有的世界上最丰富的艺术藏品之一就全部捐赠给了葡萄牙。

这届会议有 3 个主题下的 22 个专题组成的广泛的学术讨论方向，包括 3 场全体会议，每场都有一个 1 小时的大会报告。第一个主题是“原理和方法”，下设专题包括方法、技术和新趋势，事件地层学，古近纪事件、进化和地层学，旋回地层学与地质时间标尺中的天文校正，金钉子和层型，同位素年代学的进展，地层学、地质遗产和地质伦理学的教育，行星地层学，系统发育、古多样性和古地理学，古生代地层学和古地理学。第二个主题是“区域地层学”，包括的专题有广义区域地层学，伊比利亚和地中海地区的区域地层学，罗迪尼亚和冈瓦纳大陆的地层学和地质年代学，泛大陆的聚合和裂解。第三个主题是“应用地层学”，地层学在生产实践，特别在矿业开发中的应用是举足轻重的，其专题包括层序地层学，地震地层学和地震地形学，化学地层学，磁性地层学，年代学，古环境与对比，石油工业中的应用地层学，第四纪及其正式划分，地层学中的脊椎动物化石（我就在这个专题做报告），地层学中的无脊椎动物化石，地层学中的微体化石，陆相中生代地层学，火山地层学，古海洋地层学等。

开幕式有国际地层委员会和主办方里斯本大学的负责人讲话，然后很

1 岩岸地貌
2 中心广场旁的建筑
3 古老街区
4 里斯本大学的男生合唱团
5 古本凯恩博物馆的庭院
6 悠闲的埃及雁

1 白垩纪灰岩峭壁
2 珊瑚化石
3 菊石化石
4 邂逅阿瓜里弗（Águas Livres）渡槽
5 波浪镶嵌的地面

快进入主题报告，当然，是关于金钉子的，国际地层委员会近二十年来主要就是倡导这个方面的工作。除了我来自中国科学院古脊椎动物与古人类研究所，其他中国代表来自中国科学院南京地质古生物研究所、中国地质科学院、中国地质大学和南京大学等几个单位，不算太多，主要还是欧洲人，因为这个会议是由原来的法国地层会议扩展而来的。下午继续听报告，海相地层的报告比较多，少数陆相的，多听听也可以了解更广泛的地层学内容。

第二天仍然非常热，走在路上仿佛要被蒸发一样。白天有精彩纷呈的各个专题方向的报告，晚上则是会议的正式晚宴，在市中心的一家餐厅举行，所以各人自行前往。坐地铁很方便，现在已经熟悉了售票机的操作。里斯本的中心广场在特茹（Tejo）河边，由于接近入海口处，所以河面非常宽阔。广场四周都是古建筑，有轨电车在老街上驶过，很有味道。街道的布局是四四方方的，街面不宽，地上铺着白色和黑色的大理石石子。晚宴前有酒会，大学的男生合唱团穿着黑色的礼服，弹着古典的吉他，表演葡萄牙、西班牙和南美的曲目，特别是空灵动人的法多（Fado），赢得了大家热烈的掌声。正餐开始，主要是鳕鱼，但味道实在不敢恭维，量不小，填饱肚子还剩不少，宴会只不过是一个大家聊天交流的机会。

我的报告在第三天，提前一点到会场。这次会议组织得很好，特别是承办单位非常热情，每个会场都派了好几名志愿者提供服务，会议的形象设计尤其吸引人。不过，由于分会场安排得太多，结果每个会场的人就比较分散了。“地层学中的古脊椎动物”只录用了两个报告，一个是欧洲古近纪不飞鸟的地层分布，一个就是我讲的中国新近纪陆相地层划分对比框架。

会间休息时可以去欣赏古本凯恩博物馆的展品，其中包括一些西方绘画史上的杰作，还有中东和伊斯兰艺术、中国瓷器、日本版画和古希腊金银币等。也到博物馆外走了一圈，有树林有湿地，树林中有鸣禽，湿地里有水鸟，在闹市中心可以见到大型的埃及雁（*Alopochen aegyptiacus*），它们还追着人要吃的，真是很有意思。

不知不觉三天过得很快，会议就闭幕了。紧接着，会后安排了两天的野外考察，也是精心设计的路线，让大家在有限的时间里尽可能多地了解葡萄牙的沉积地层。在早白垩世，卢西塔尼亚（Lusitania）盆地位于西伊比利亚边缘，以丰富多彩的沉积物（硅质岩、碳酸岩）和环境（从开阔的远岸台地到河流系统和古土壤）为特征，记录了大西洋张开向北扩展的早期过程以及与海平面循环变化相联系的构造事件。里斯本附近沿大西洋海岸的悬崖完美地保存了卢西塔尼亚盆地的地层，使我们有可能在野外期间对瓦兰今期（Valanginian）至阿尔布期（Albian）之间的沉积序列进行地层学、沉积学、古生物学和地球化学模式的观察学习。

去野外考察都不用查天气预报，因为葡萄牙的这个季节每天都是晴朗无云。考察的第一天在卡斯凯什（Cascais）附近观察最典型的海洋沉积环境，为我们讲解的是图卢兹大学的退休教授，他很愿意跟大家多介绍一些内容，比如路过的古代引水渡槽和本菲卡足球队主场等。

卡斯凯什位于里斯本西边的海岸，靠近欧洲大陆最西点的罗卡（Roca）角，是一个海滨度假胜地。一路风光迷人，虽然草是枯黄的，但有大片的青松，所以到处都郁郁葱葱，而房屋是白墙红瓦，分外明快夺目。到达海滨，是由白垩纪灰岩形成的峭壁，地层剖面非常好。讲解以层序地层学为主，海相化石，如珊瑚菊石等随处可见。海岸上生长着茂盛的耐旱型多肉植物，不少人在这个清新的环境中休闲锻炼，钓鱼、日光浴、游泳、冲浪、骑自行车、徒步，非常热闹。我们沿悬崖上的小路一直下到海边，大西洋卷起一阵阵滔天的巨浪，拍打在岩石上，蔚为壮观，气势磅礴，怪不得这里被描述成“地狱之门”。

看剖面告一段落，中午到卡斯凯什镇上，这里自几百年前路易一世的时代起就是皇家的消夏行宫，现在依然保持古典的风格。教堂外的堂佩德罗（Dom Pedro I）雕像傲然挺立，凝神注视着大海的方向。地灵自然人杰，据说在哥伦布到来之前十年，这里渔村的一个叫桑切斯的普通渔民就已驾船到达了美洲。古老街道上黑白相间的石子镶嵌的波浪图案看上去禁不住让人有些发晕，体会了在海上风雨飘摇的感觉。卡斯凯什的沙滩上人潮汹涌，街道上的游人也摩肩接踵。我们到一家预定好的餐厅，拥挤地坐在一起。我要了沙丁鱼，这是这里最传统的食物，配上蒸土豆，感受一下渔村的风格。

下午沿着海岸由南向北往罗卡角方向继续考察白垩纪地层，岩石岸的间隔中有一段段的沙滩，每一处都是葡萄牙人玩海的好地方。我们看剖面，而沙滩上满是日光浴和海水浴的人群，大家各自做自己的事，互相完全不干扰。

第二天的上午仍然到西边海岸，我们接着昨天的层序观察白垩纪上部的地层。这一带的岩石表面变成黑色，可能是有丰富的紫贻贝附着的原因。途经的村子里都有带风车的磨坊，不过完全是做装饰之用，因为风车只有骨架，上面还挂满了陶壶，磨坊门口通常有一匹骡子的雕塑。每家的院落都收拾得整齐干净，而每个院落又有各自的特点。

然后，折返回来穿过里斯本市区，前往南海岸的艾斯比切尔（Espichel）角。途中在小镇上午餐，又是一家海鲜饭馆，有两种鱼，鮟鱇鱼煮米饭和金枪鱼红烧，也是这里最有特色的。埃斯比切尔角地区位于塞图巴尔（Setúbal）半岛西南端的海滨城市塞辛布拉（Sesimbra）附近，摩尔人曾经越海而来统治过这里，但现在包括古代城堡在内的建筑都因为后来的改造已无任何原来的伊斯兰风格。塞辛布拉是优良的天然港口，其漫长的渔业历史留下了清晰的印记，曾经的防卫让国王都积极参与。

埃斯比切尔角不仅有一座现代的灯塔，更重要的是有圣母神殿和礼拜堂，两侧带有长长的朝圣者住所，历史悠久的石砌建筑在青白色瓷砖的装饰下呈现出安静典雅的氛围，可以想见信徒们的虔诚祈祷在山海之间得到尽情的升华。然而，我们最感兴趣的是，这里的礼拜堂与古生物有关，白垩纪海相灰岩地层形成的悬崖上有大量恐龙足迹，宗教传说是驮圣母玛利亚的巨大的骡子留下的。现在这里已建成国家地质遗迹公园，我们对足迹化石进行了详细观察，葡萄牙的电视台也来跟拍纪录片。

埃斯比切尔角的恐龙脚印属于葡萄牙保存最好的恐龙脚印中的一部分，包含两处完全不同的系列，一处属于侏罗纪，另一处属于白垩纪。令普通人非常惊奇的是这两处脚印只相距不到 500 米，但时间却相差了 3 000 万年。

侏罗纪的恐龙脚印在悬崖上平坦的灰色岩层表面看起来又大又清晰，其准确时代是距今 1.6 亿年前的晚侏罗世。这里一共发现了近 700 个恐龙脚印，分布在 8 个岩层面上，组成 9 条不同的路径，有的路径延续了 40 米长。估计最多有 37 条恐龙走过，大多数脚印属于重型的蜥脚类恐龙，被归入雷龙足迹（*Brontopodus*）和似雷龙足迹（*Parabrontopodus*）。这个地点的独特之处在于至少有 7 条幼年的蜥脚类恐龙共同向东南方向行走，成年恐龙随后走过，有一些短暂停顿的脚印，由此证明它们是具有社会性集群的恐龙。其中的一条行迹展现了不规则的步伐，指示这条恐龙可能因受伤而跛脚。另有 10 多个三趾型的兽脚类恐龙脚印，组成两条行迹。

这处脚印在 14 世纪时就被当地渔民发现，他们认为是圣母玛利亚的神迹。传说圣母玛利亚带着襁褓中的耶稣，骑着一匹巨大的骡子上岸，沿几乎垂直的悬崖攀登上来，巨骡的脚印就保留在岩石上。这个传说使这里在 14 世纪到 16 世纪期间成为重要的朝圣地，在神迹终止处的悬崖边上建有一个小型礼拜堂。礼拜堂内一幅绘制于 17 世纪的漂亮蓝白瓷砖画重现了圣母上岸的场景，在其身后的岩石上留下一串清晰的巨大蹄印，因此这是世界上最早记录的恐龙脚印遗迹。

白垩纪的恐龙行迹位于礼拜堂脚印的北面，更容易靠近观察，但不如侏罗纪足迹明显和神奇，其准确时代是距今约 1.3 亿年前的早白垩世，并且是在葡萄牙发现的唯一一处白垩纪恐龙脚印。有趣的是，其中一串行迹来自一条奔跑的兽脚类恐龙，据推算其速度可以达到每小时 15 公里。

野外考察的最后一项是非地质内容，参观海滨小城塞辛布拉山顶的教堂和城堡，它们都是精美的石头建筑。在古堡顶上可以俯瞰山海交接的美景，令人叹为观止。返回里斯本时经过横跨特茹河的 425 大桥，这是一座钢结构斜拉式悬索长桥，包括引桥有 3 222 米，水上部分 2 277 米。该桥建于 1962 年，原名萨拉扎尔（Salazar）大桥，后来为纪念 1974 年 4 月 25 日葡萄牙人民在“丁香革命”中推翻军政府建立民主政权而改名为“425 大桥”。

起初的野外安排是 3 天，缩短后使我有了自由活动的一天，于是去感受一下里斯本的城市风情。1755 年的大地震摧毁了若望五世（João V）奢华的都城，邦巴尔（Pombal）侯爵随后规划建设了我们现在看到的新古典主义市区。这里的街道已经经历了几百年的沧桑，两旁是整齐的石砌楼房，依然宏伟壮观。街道边的观光电梯载人们到高处，立刻呈现出一片庄重辉煌的红屋顶传奇，引得四周全是相机的快门声。这里连接各个街区的精致广场都有古典的氛围和环境，庄重的教堂也密布其中。卡莫（Carmo）修道院的废墟仍然充满了艺术感，令人震撼。远眺圣豪尔赫（São Jorge）堡，山海城市的形象愈加深刻。

里斯本是白色的，至少是浅浅的米黄，尽管也有斗牛场的赭红。乘古老的有轨电车去贝伦（Belém）塔方向，到耶罗米（Jerónimos）教团修道院广场下车，这座曼努埃尔（Manueline）风格的石灰岩殿堂花费了 70 年才建

1 卡斯凯什

2 一串恐龙脚印

3 悬崖上的礼拜堂

1 描绘有恐龙脚印的瓷砖画
2 坎普佩克诺（Campo Pequeno）斗牛场
3 地理大发现纪念碑

成。看一眼那些教堂内外的装饰，真是把岩石雕刻做到极致了，不知倾注了多少心血。再去欣赏精美的伦贝塔，它简直就是一个完整的石雕，而不是曾经的王室行宫和现在的总统住宅。特茹河边的地理大发现纪念碑成了葡萄牙人的骄傲，纪念那些为他们从世界各地带来无数财富的冒险家。不过，虽然葡萄牙人是航海好手，但说是地理“大发现”，就有些以自我为中心了。

最后坐地铁到邦巴尔侯爵广场，然后上山到森林公园，这里可以俯瞰城市与河口。而最大的震撼还是来自第二天在离开里斯本时飞机舷窗上的惊鸿一瞥，澄明通透的天空下，整洁的城市呈现出红白绿三色交织的图案，舒缓地在大西洋岸边铺展开来。

印度板块与欧亚板块的碰撞是约 5 500 万年以来地球历史上发生的最重要的造山事件，而由此导致的青藏高原隆升对东亚乃至全球的气候环境产生了极大的影响。然而，关于青藏高原的隆升历史和过程，尤其是不同地质时期的古高度，长久以来都存在激烈的争论。在 20 世纪 70 年代中国科学院组织的青藏高原考察中，中国科学院古脊椎动物与古人类研究所在西藏的比如和吉隆发现了晚中新世的三趾马及其伴生动物群，青藏高原隆升的最早数值估计就来自这一批哺乳动物化石。

三趾马是一类已灭绝的马科动物，其结构灵巧，颊齿高冠并具有复杂的釉质褶皱。距今 1 800 万年至 1 500 万年期间三趾马在北美大陆快速地辐射，占据了动物群中的统治地位，此后也扩散到了整个旧大陆，即亚洲、欧洲和非洲。尽管三趾马在化石记录上有巨大的数量优势，但从三趾马的名字可以知道，它们仍然在前、后脚上保持着“三趾”的特点，所以常常被认为是相当原始的类型。不过，从牙齿的结构上看，许多三趾马实际上

札达的雪山和土林

行进有序的藏野驴

是所有马类中最进步的，比现生的真马还要进步。

随着三趾马高冠齿的磨蚀，釉质的复杂结构就暴露在咀嚼面上。尽管这些釉质结构在年龄和个体之间都有变化，但不同的属种也具有自己独特的样式，因此可以作为分类鉴定的重要标志。三趾马的上颊齿原尖孤立，是一个圆、椭圆或豆状的釉质结构，存在于牙齿咀嚼面的内侧，也就是靠近舌头的一侧；咀嚼面上有前、后两个釉质层围成的凹坑，称为前窝和后窝，其边缘具有非常繁复的褶皱。

三趾马在 1 150 万年前的中新世晚期开始时跨越白令陆桥第一次出现在旧大陆，它们来到亚洲，然后迅速地扩散到欧洲和非洲北部，稍后印度次大陆和非洲南部也被三趾马占领。与在北美一样，旧大陆的三趾马在从中新世晚期到更新世早期的时间内演化出许多不同的种。对三趾马的研究也许是马科古生物学中最活跃的主题，每年都有众多不同专家撰写的观点迥异的科学论文发表。

在中国的古生物学史上，三趾马是最早被研究和命名的哺乳动物化石之一。1885 年，德国古生物学家寇肯（Ernst Koken）第一次研究发表了中国的一批三趾马牙齿化石，材料是德国地质学家李希霍芬（Ferdinand von Richthofen）19 世纪六七十年代在中国进行地质考察时收集的，化石都无确切产地。实际上中国的三趾马化石异常丰富，民间从汉代起，即将“龙骨”和“龙齿”等作为中药材使用。华北各省（以山西、陕西、河南等省为主）所产的“龙骨”和“龙齿”中，三趾马的骨骼和牙齿占了很大的份额。

三趾马也很快就扩散到了青藏高原。发现三趾马化石的藏北比如县布隆地点的现代海拔高度为 4 560 米，其三趾马动物群的时代为晚中新世早期，年龄距今约 1 000 万年。布隆的三趾马被命名为西藏三趾马（*Hipparion xizangense*），伴生的动物群包括低冠竹鼠（*Brachyrhizomys*）、巨鬣狗（*Dinocrocuta*）、后猫（*Metailurus*）、野猫（*Felis*）、大唇犀（*Chilotherium*）、萨摩麟（*Samotherium*）和羚羊（*Gazella*）等。该动物群中的喜湿热成员，特别是低冠竹鼠等证明它们主要生活于落叶阔叶林带。当时森林密布，河湖发育，雨量充沛，土壤处于湿热的氧化环境，孢粉化石指示还有棕榈存在，与今天的高山草甸及高寒干燥的气候环境迥然不同。西藏三趾马的颊齿齿冠相对较低，第三蹠骨缺失一个对第四跗骨的关节面，这些

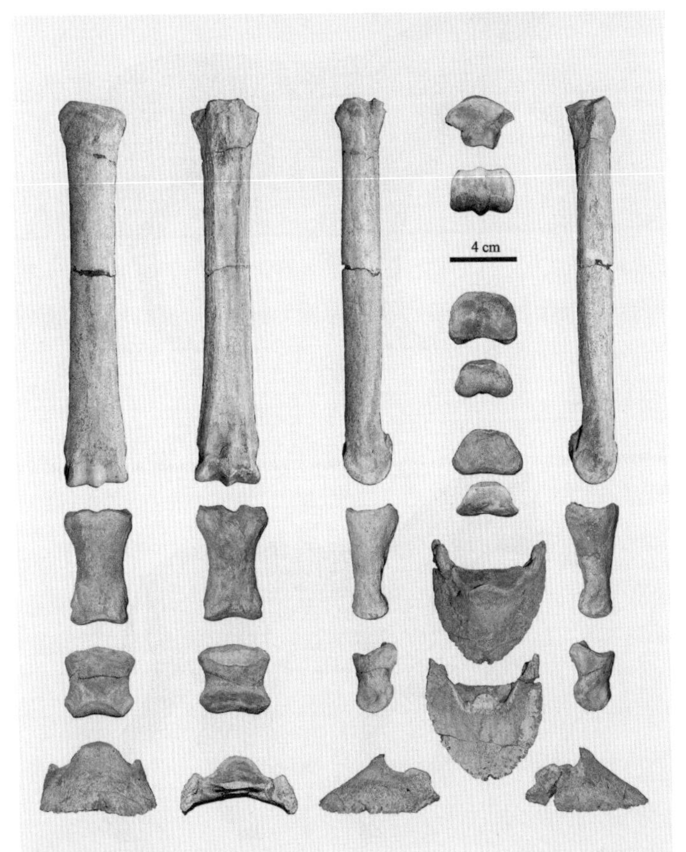

1 两匹札达三趾马在青藏高原开阔的草原上飞驰而过（陈瑜绘）

2 札达三趾马的前脚骨骼

3 追马的人们聚集在珠峰下

1 西藏三趾马
2 福氏三趾马
3 札达三趾马
4 发掘札达三趾马骨架
5 前往聂拉木
6 在达涕盆地发掘三趾马化石

都是森林型三趾马的特征，与整个动物群的生态环境吻合，反映当时的海拔高度应在 2 500 米以下。

西藏南部吉隆县沃马地点的现代海拔高度为 4 384 米，其三趾马动物群的时代为晚中新世晚期，年龄经古地磁测定为距今 700 万年。吉隆的三趾马为福氏三趾马（*Hipparion forstenae*），其他化石成员还包括更新仓鼠（*Plesiodipus thibetensis*）、喜马拉雅跳鼠（*Himalayataga liui*）、鼠兔（*Ochotona guizhongensis*）、鬣狗（*Hyaena* sp.）、大唇犀（*Chilotherium xizangensis*）、后麂（*Metacervulus capreolinus*）、古麟（*Palaeotragus microdon*）和羚羊（*Gazella gaudryi*）等。吉隆三趾马动物群的生态特征显示森林和草原动物各占有一定比例，与南亚的西瓦立克三趾马动物群产生了分异，表明这一时期的喜马拉雅山已对动物群的迁徙产生了显著的阻碍作用。根据对牙齿化石的釉质稳定碳同位素分析，吉隆的三趾马生活于疏林地带，以混合的 C_3 和 C_4 草本植物为食，其中 C_4 植物占 30%，这一比例指示其生活的海拔高度在 3 400 米以下。

1990 年，中国地质大学的研究人员根据在西藏阿里地区札达县达巴村附近发现的一个几乎完整的头骨，创建了新种札达三趾马（*Hipparion zandaense*）。札达盆地位于象泉河流域，海拔 3 700—4 500 米。在地质构造上，札达盆地处在拉萨地块与喜马拉雅构造带接触部位，盆地内的新生代地层近水平产出，最大出露厚度 800 米左右。跟随这一重要的线索，我们古脊椎所新近纪研究小组的考察队也多次奔赴札达等盆地，继续追踪马类在青藏高原的演化。

2009 年李强博士带队在札达盆地东南的达巴沟发现了札达三趾马的骨架化石。由于骨骼化石的形态和附着痕迹能够反映肌肉和韧带的状态，所以可以据此分析灭绝动物在其生活时的运动方式。札达三趾马的骨架保存了全部肢骨、骨盆和部分脊椎，因此提供了重建其运动功能的机会。我们 2012 年在《美国国家科学院院刊》上发表论文，根据运动功能分析证明札达三趾马是一种生活于高山草原上善于奔跑的三趾马，从而恢复其生态环境，并据此推算了青藏高原在 460 万年前的古海拔高度。

札达三趾马细长的第三掌蹠骨及其粗大的远端中嵴、后移的侧掌蹠骨、退化而悬空的侧趾、强壮的中趾韧带、加长的远端肢骨等，都与更快的奔跑速度相关联；其股骨上发达的滑车内嵴是形成膝关节“锁扣”机制的标

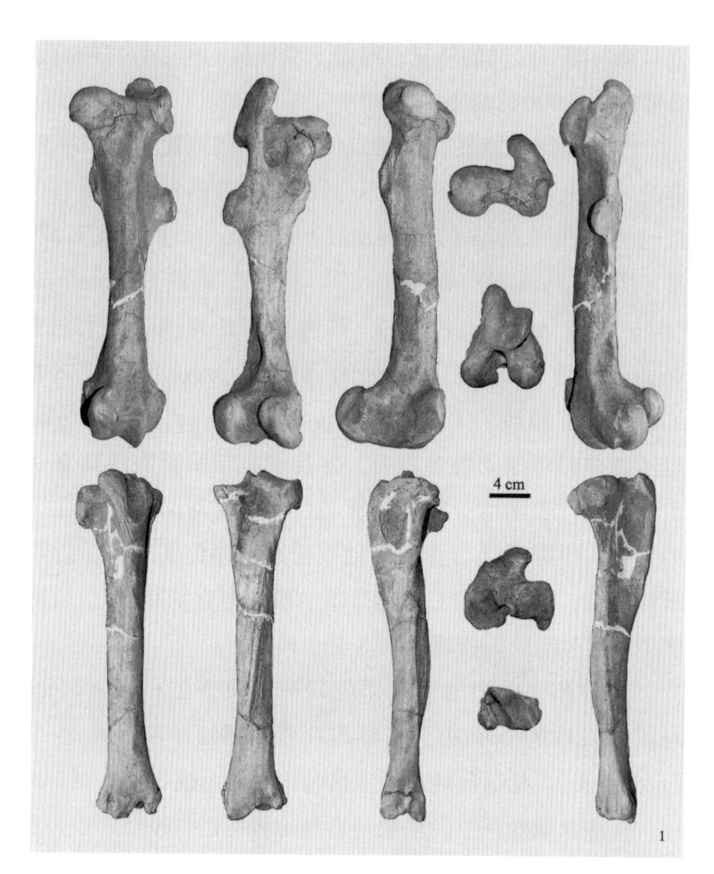

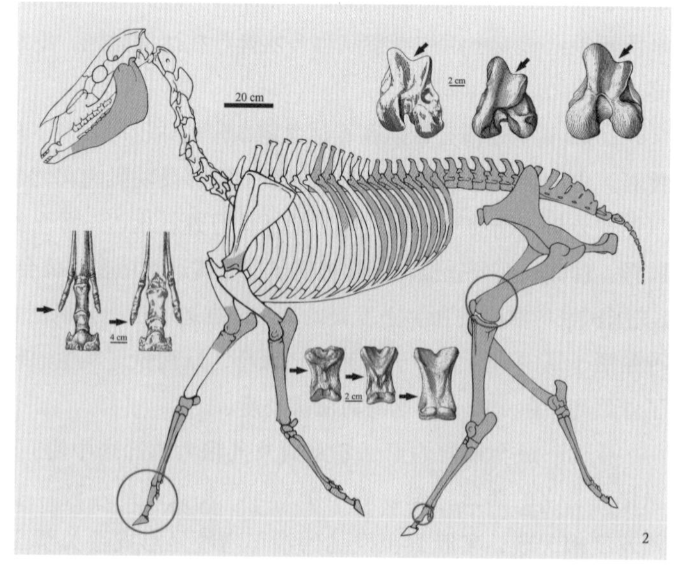

1 札达三趾马的后腿骨骼

2 札达三趾马化石骨架的复原及其一些功能形态特征的对比

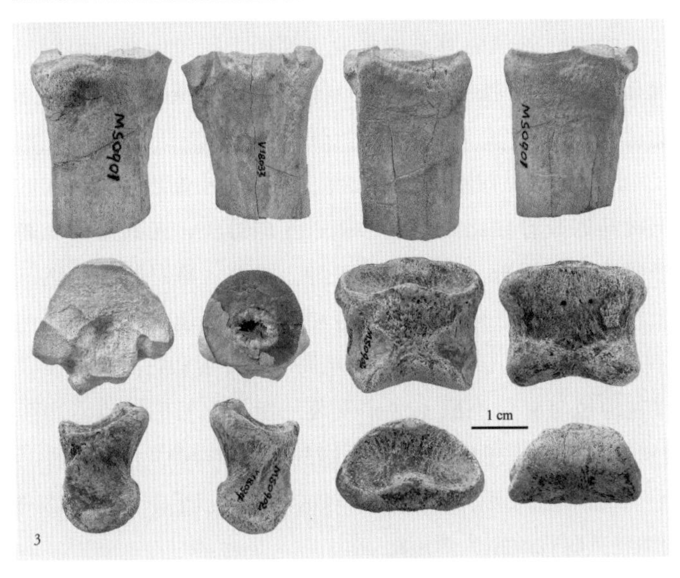

1 从通拉山口下眺望喜马拉雅雪峰
2 门士的真马化石地点
3 门士的真马肢骨化石

志，这一机制能够保证腿部在长时间的站立过程中不至于疲劳。更快的奔跑能力和更持久的站立时间只有在开阔地带才成为优势。一方面茂密的森林会阻碍奔跑行为，另一方面有蹄动物在开阔的草原上必须依赖更快的速度来逃脱敌害的追击。三趾马是典型的高齿冠有蹄动物，札达三趾马的齿冠尤其高，说明它是以草本植物为食的动物。食草行为从营养摄入的角度来说是低效率的，所以需要极大的食物量才能够保证足够的营养。食草性的马类每天一定要花费大量的时间在草原上进食，同时必须保持站立的姿势，以便随时观察到潜在的捕食者。札达三趾马的一系列形态特征正是对开阔草原而非森林的适应。

自从印度板块在大约 5 500 万年前与欧亚大陆碰撞之后，青藏高原开始逐渐上升。喜马拉雅山脉至少自中新世以来已经形成，由此也产生了植被的垂直分带。开阔环境本身并不存在与海拔高度的直接关系，在世界上不同地区的不同高度，从滨海到极高山都有可能出现草原地带。然而，青藏高原的南缘由于受到板块碰撞的控制，在高原隆升以后一直呈现高陡的地形，因此开阔的草原地带只存在于其植被垂直带谱的林线之上。札达盆地位于青藏高原南缘，因此其植被分布与喜马拉雅山的垂直带谱紧密相关。札达地区现代的林线在海拔 3 600 米位置，是茂密森林和开阔草甸的分界线。另一方面，稳定碳同位素分析也证明上新世的札达三趾马主要取食高海拔开阔环境的 C_3 植物，与现代藏野驴存在相同的食性。

札达三趾马生活的 460 万年前对全球来说正处于上新世中期的温暖气候中，温度比现代高约 2.5℃。按照 100 米 0.6℃的气温直减率，那时札达地区的林线高度应位于海拔 4 000 米处。札达三趾马骨架化石的发现地点海拔接近 4 000 米，因此我们可以判断出札达盆地在上新世中期达到其现在的海拔高度。札达三趾马的肢骨在比例上非常接近于藏野驴，尤其是细长的掌蹠骨，它们与平原地区的三趾马存在显著差异。显然，藏野驴和札达三趾马在形态功能上发生了趋同进化，这是适应相同高原环境的结果，由此进一步支持了根据札达三趾马化石所作出的青藏高原古环境和古高度判断。

聂拉木的达涕盆地也是青藏高原上一个发现三趾马化石的地点。1975 年，中国科学院青藏高原考察队在 63 道班附近的灰白色砂岩中发现了一件三趾马的下颌骨化石，由此修正了原来把达涕盆地这套地层归于中更新世冰期沉积的观点，正确地将其时代改定为新近纪。

我们 2013 年夏季的野外工作计划就将达涕盆地列为一个重要的地点，8 月 16 日沿 318 国道最后一段的中尼公路经定日前往聂拉木，希望能找到更好的三趾马化石材料。318 国道是目前中国最长的国道，从起点上海到聂拉木县樟木镇的全长是 5 476 公里。有意思的是，考察队一辆越野车的号牌是京 LH5238，而 5 238 公里里程碑位于定日和聂拉木之间，我们在此与车拍了一个合影。中国第二长的国道 312 线只有 4 967 公里，因此在其他任何地方都没有 5 238 这个公里里程碑了。

到聂拉木之前要经过两个山口，我从山顶的冰川漂砾平台初步判断，第一个山口可能是原来的三趾马化石产地，因为地形很相似，而且公路转弯而下正好有一个道班。不过，这个道班不是原来记载的 63 道班，而是 16 工区。再到第二个山口，沉积物性质与达涕湖盆完全一致，地形也相似，但却没有道班。下山到土隆的 17 工区去询问，说 16 工区就是 63 道班。我几乎相信了，但到了聂拉木县城后去问公路局，却说 63 道班已经拆除，其原来的位置在现在的 16 和 17 工区之间。这样看来，第二个山口，即通拉山口之下才是三趾马化石地点，再查地图册和网上地图，进一步确认了这个判断。第一个山口叫亚汝雄拉山口，山下的 16 工区是原来的 62 道班，而 63 道班合并进来。聂拉木在山谷中，县城贴着山坡建立。考察队的藏族司机提前给我们订好了旅店，许多前往冈仁波齐峰和玛旁雍错朝圣的印度香客也住在这里。

第二天我们就前往山口寻找化石地点，首先要确定 63 道班的位置。果然在通拉山口下发现了一片废墟，司机师傅也证实从前这里确实有一个道班，这样就很好地与青藏高原考察队报告中的地理位置图吻合了。我们首先在其标明的化石地点的山上寻找，登高南望，喜马拉雅雪山在阳光下发出耀眼的白光，壮阔而美丽。近处的露头有很严重的第四系覆盖，只有旱獭的洞口推出一些新近纪地层的沉积物，在这一带没有发现化石。

我们转到公路边的露头，这时候王宁博士兴奋地跑过来通报，发现了化石的线索。果然，在灰色的砂岩中已经有白色的化石暴露出来，但有一些在陡崖高处，没有办法采集。我们集中在低处，最好的是一件三趾马的上颌，在细心发掘后，用石膏绷带包裹前判断至少有一枚牙齿是完整的。当标本运回北京，修复后我们惊喜地发现，化石上保存了两侧的全部前臼齿以及右侧的一枚臼齿。更重要的是，完好的材料使我们能对达涕盆地的三趾马归属有了准确的判断，它就是与吉隆盆地一致的福氏三趾马。

1 普氏野马
2 摆个造型
3 青藏铁路边悠闲的藏野驴
4 惬意的驴打滚

除了三趾马，20 世纪 70 年代的青藏高原考察队在定日和羊八井还发现了真马的化石，我们也在阿里地区的门士盆地和札达盆地找到了真马的肢骨材料。真马（*Equus* 属）的每只脚上只有单趾（中趾）存在，而现生的马科动物都是真马属的成员，包括 3 种斑马、2 种野驴和 1 种野马，以及家马和家驴。门士的真马化石同样是李强 2009 年率队考察的成果，他们在 2011 年报道了这一重要发现。真马在欧亚大陆的首次出现与 260 万年的第四纪下界吻合，因此真马化石在门士的发现确定了其产出地层属于第四纪无疑。

门士的真马化石最接近于普氏野马（*Equus przewalskii*）。普氏野马化石广泛分布于欧亚大陆的晚更新世地层中，在中国的分布范围西自新疆西部，东至东北三省，南到台湾海峡。普氏野马扩散到青藏高原是有可能的，因为在高原北缘库木库里盆地的第四纪地层中似乎也出现过它的踪迹。迄今为止，普氏野马在中国最早出现于山西约 12—10 万年前的丁村动物群，略微晚于中 / 晚更新世界限的 12.6 万年。李强等人认为，如果以后发现头骨和齿列等材料能证实门士的真马确实属于普氏野马的话，那么门士的这套河湖相堆积形成的时间就不会早于晚更新世。

以藏野驴为代表的马类直到今天仍然活跃在青藏高原，而且由于得到有力措施的保护，其生存状态颇为令人欣慰。我们在门士非常近距离地观察过藏野驴，它们可能一直就在这一带活动。第一次看见藏野驴时，其中有一匹欢快地在沙坑内打滚，真是有趣。后来看见的一群由 6 匹组成，有成年的，也有幼年的，两匹安静地在吃草，而另外 4 匹懒洋洋地躺在一起休息。我们端着相机一边拍照一边靠近，躺着的 4 匹也站了起来，机警地向我们张望。当再想靠近时，它们排成一队不紧不慢地跑掉了。藏野驴栖居于海拔 3 600 米至 5 400 米的地带，总是营群居生活，多半由 5、6 匹组成小群，就像我们看到的一样；也有超过 10 匹的大群，群体由一匹雄驴率领，过游移生活。它们清晨从荒漠或丘陵地区来到水源处饮水，白天大部分时间集合在水源附近的草地上觅食和休息，傍晚回到荒漠深处。藏野驴的行走方式是鱼贯而行，很少紊乱，雄驴领先，幼驴在中间，雌驴在最后。

在西藏比如、吉隆、札达和聂拉木发现的不同时代的三趾马化石代表了不同的海拔高度，清晰地描绘出青藏高原逐步隆升的过程。直到今天，马科动物的现生成员藏野驴还自由自在地在青藏高原上驰骋和游荡，为我们保留着这一道独特而美丽的风景。

地中海新近纪地层会议有悠久的历史，第 1 届于 1958 年在法国普罗旺斯艾克斯（Aix）召开。中国的新近纪地层发育，哺乳动物化石丰富，研究程度很高，因此是陆相生物地层学领域最早走向世界的研究方向之一。当 1979 年第 7 届地中海新近纪会议在希腊雅典召开时，中国科学院古脊椎动物与古人类所就派团参加了。近年来中国的新近纪研究取得了更大的进展，因此我受邀带着博士生陈少坤参加 2013 年 9 月在土耳其伊斯坦布尔召开的第 14 届会议，将向国际同行介绍我们的成果。

9 月 7 日晚上 9 点半出发去机场，没想到夜里的航班真多，柜台前排着长队。我们的航班属于土耳其航空公司，绝大多数人都带着巨大的行李箱在托运，看来对土耳其人来说，中国是采购的好地方。提前 50 分钟登机，这倒少见。机舱舱壁上贴着电视实况和 WiFi 的标志，谁知一问，还没有启用。

一夜似睡非睡，主要是挤在中间的座位上很不舒服。航班很准时，早上 5 点到达伊斯坦布尔，外面还是沉沉的黑夜。机场不大，但早上到达的旅客不少。土耳其与

特洛伊遗址的剧场

马尔马拉城的考古遗址

中国互免因公护照的签证，所以我们很快就出关了。但地铁要 6 点钟才发车，我们就在机场大楼待了一会儿。

伊斯坦布尔的地铁很少，而且并不相互连接，这大概也是他们 9 月 7 日晚上在申办 2020 年奥运会中失利的原因之一吧。我们开始并不清楚，以为地铁与快速公交车是一票制，换乘了几次车，最后才搞清楚，是要分别单独买票的。伊斯坦布尔分为旧城和新城，但这个“新城”里的建筑大多数都有一个世纪以上的历史，隔金角湾（Haliç）与拜占庭时期的旧城相望，其实也是很古的城了。坐车来到新城中心，向土耳其人问路相当困难，因为他们大多数人不会说英语。最后总算找到了旅店，但要 11 点才能入住。我们就到附近的清真寺看看，那是一个 20 世纪 50 年代建的清真寺，但依然像古代一样完全用石材建成，很漂亮。寺前广场上有许多鸽子，在这样的环境中坐在长椅上休息也很惬意。

下午去会场，有不短的距离，正常走路要 40 分钟，不知道会议组织者是怎么安排旅店的。我们一开始还找错了地方，这缘于土耳其人非常热情却混乱的指点。时间来不及了，赶忙打了一辆车，但司机完全听不懂英语，绕了一大圈，又错了地方。最后总算问到大学生，才顺利找到伊斯坦布尔技术大学的建筑学院，在一座大型的文艺复兴风格的古典建筑内，时间刚好到 3 点，赶上了开幕式。

会议安排了三个主题报告，结果美国人讲得最差，而由于昨夜没有休息好，我听得昏昏欲睡。晚上的招待会，虽然只有酒和点心，但跟大家聊天时，睡意却跑掉了。聊到很热闹时，却觉得该回旅店了，因为距离比较远，路上的小流氓还特别猖獗。当然，不会有什么事，巡逻的警察很多，中心广场上正有反对美国干涉叙利亚的示威游行。

第二天走路去会场，星期一跟昨天完全不同，街上满是行色匆匆的人流，显示出伊斯坦布尔是一个热闹异常的城市，它拥有 1 200 万人口。路旁有很多卖面包圈早点的，许多人就一边走一边吃，相当简单。晚餐我们去尝试了典型的土耳其烙饼，看来这里普通人的生活是非常朴素的，因为他们只吃饼，连菜都没有。

上午的一个专题是人类化石，以在地中海周边地区，如格鲁吉亚、西班牙、希腊和土耳其等地发现的古人类或人科的化石为主题。报告者和听众都很踊跃，大家热情交流，频繁互动。报告认为，早期人类在欧亚大陆西部的

1 安纳托利亚隔海相望

2 从金角湾远眺加拉塔

3 博斯普鲁斯海峡大桥

4 塔克西姆广场上的凯末尔纪念碑

5 苏丹艾哈迈德清真寺

6 图特摩斯方尖碑

扩展受到自然生态条件而不是人类本身运动能力的强烈影响，他们在欧洲西部的首次出现与适宜的气候环境相吻合。尽管有冰期和间冰期的波动，这个地区上新世晚期的气候据分析仍然保持温和和稳定。早更新世的特点是剧烈的气候恶化，可能影响早期人类在高加索南部地区的数量增长。但很快，气候条件又重新转好，人类在地中海周边地区的存在得到丰富石器遗存的证实。早、中更新世之交的气候改善再次为人类的居留创造了条件，而地貌和文化起到的作用较小。

建筑学院巨大的中央庭院里有古老的树木洒下荫凉，地面散放着一些石雕建筑部件，我和学生就坐在一个大理石的科林斯柱头上吃完会议提供的优惠午餐盒饭。然后我们到附近的塔克西姆（Taksim）广场走了一圈，这里正在维修，但仍然人头攒动。在凯末尔（Mustafa Kemal Atatürk）纪念碑前有无数游人在照相，我也留下了自己的印记。

9 月 10 日要去伊斯坦布尔旧城参观，我们很早就到建筑学院来等车，顺便在旁边的公园里坐了一会。看到带白色羽毛的冠小嘴乌鸦（*Corvus cornix*）在草坪上觅食，而梧桐树上有一群群的红领绿鹦鹉（*Psittacula krameri*）在飞舞吵闹，很是壮观。当我们乘车越过金角湾大桥时，桥上站满钓鱼的人群。往对面的旧城看过去，全是清真寺高耸入云的穹顶和刺破天际的尖塔。车绕着海边走，可以看见君士坦丁时代所建的古老城墙。

首先参观苏丹艾哈迈德清真寺，免费，但鼓励捐款。进去的装束有严格的规定：脱鞋，不能穿短裤短裙，女士必须戴头巾。如不合装束，寺里免费提供临时穿戴。建于 17 世纪初叶的这座清真寺从外观看已具有咄咄逼人、震撼心灵的气势，内部更是富丽堂皇，全用伊兹尼克（Iznik）花砖装饰。因为有蓝色基调，所以又叫蓝色清真寺。寺外还有埃及法老图特摩斯（Thutmose）的方尖碑，是君士坦丁（Constantinus Magnus）从埃及的卡纳克（Karnak）劫运来的。

清真寺对面就是拜占庭的索菲亚（Sophia）教堂，在查士丁尼一世（Iustinianus I）统治的公元 536 年落成，一千多年的辉煌还在延续。虽然已被安装了宣礼塔，但现在既非教堂也非清真寺，而是博物馆，在里面可以见到重新清洗后的基督教镶嵌画与《古兰经》书法作品并存。我们最后参观了大巴扎，它是世界上最大、最古老的巴扎之一，建于 15 世纪，有 58 条室内街道和 4 000 多间商铺。巴扎（Bazzar）一词来自波斯语，就是市场的意思。

1 土耳其的田野
2 爱琴海的日落
3 扼守达达尼尔海峡的奥斯曼古堡
4 索菲亚教堂
5 双壳类模铸化石
6 密集的牡蛎化石堆积
7 面朝大海的村庄

9 月 11 日，今天的报告没有脊椎动物，当然也就没有古哺乳动物专题。上午选择去听古环境的报告，虽然只是地中海周边地区，但从方法和结果上都有参考价值。

城市的历史写在它的街道上，在伊斯坦布尔表现得更为典型，于是我们决定亲身去体会。从塔克西姆广场到金角湾大桥的步行街上有古色古香的有轨电车，两旁都是商店，人流涌动。到下坡的地方街道更窄，看到了加拉（Galata）塔，这是热那亚殖民者在 1348 年修建的，现在不仅依然坚固，还是观光的制高点。在塔下坐了一会，有很多猫。实际上，伊斯坦布尔到处都可以看见成群的家猫"野"猫在活动。从金角湾可以眺望安纳托利亚的远景，博斯普鲁斯（Bosporus）海峡里轮船如织，我们就在海边长椅上轻松地静坐听风。

会议安排代表们体会在欧亚之间夜航的感觉，因此我们在晚上 8 点登船。伊斯坦布尔辉煌的灯火，照亮了古老的建筑，摇曳闪烁在现代的高楼之间。我们几乎到达黑海再返回，两岸是绵延的市镇，可能是土耳其人口最密集的地区。船上的晚餐后是强烈的音乐，大家都跳起舞来，一直到 12 点才靠岸，比原来预计的时间长了将近一倍。

9 月 12 日整个一天都有哺乳动物化石的专题，有不少很好的报告，了解到更多有关地中海地区新近纪哺乳动物化石和地层的新知。也跟相关的研究者讨论了感兴趣的内容，中国的材料受到很多关注。下午会议开过闭幕式后结束了，大家感到这是一次成功的会议，很有些不舍。当然，我们还有三天野外，大家还有讨论聊天的机会。

9 月 13 日 7 点半出发，在等待的一刻钟里看了一下考察指南，编得很好，能知晓很多内容。这个钟点也是早高峰，路上比较堵。我们沿着博斯普鲁斯海峡北岸走，可以看到皇宫的建筑，外观没有伊斯兰教风格。到海峡大桥相当堵，正好可以尽情地欣赏城市的风景，看到山坡上铺开了红顶白墙的建筑。

越过横跨欧亚两洲的大桥，沿高速公路前行到马尔马拉（Marmara）海的海湾，为避免绕路，安排坐滚装船很快渡过。有意思的是，许多海鸥跟随我们的船以便利用气流，旅客向空中抛面包屑，海鸥都能准确接住。在船上领队给大家介绍了沿岸地层的基本情况，我们将考察一系列新近纪和第四纪化石地点以及考古遗址。马尔马拉海是连接地中海和副特提斯（Paratethys）

海的重要门户，它在墨西拿（Messinian）盐度事件时期的古地理和古海洋演化尤为特别。

到达南岸后很快就是第一个地点亚洛瓦（Yalova）的 Soğucak，主要是靠近海岸的河流和三角洲相的砾岩、砂岩和泥岩，有大量晚中新世的双壳类化石，地表还有现代腹足类螺壳堆积，以前在这里曾发现过鱼类化石。前往第二个地点穆达尼亚（Mudanya）又行驶了一个多小时，就在城市内的公路护坡上，展现了墨西拿期侵蚀面，非常清晰。墨西拿盐度事件发生于墨西拿晚期的距今 596—533 万年期间，地中海在这一事件中几乎完全干涸，直到赞克勒期（Zanclean）降雨量增强才重新充满海水。来自地中海深层海底之下的沉积物样品，包括蒸发盐矿物、土壤和植物化石，都显示直布罗陀海峡的封闭造成了地中海首次及此后多次部分地干涸。该海峡最后的一次关闭发生在 560 万年前，干燥的气候使地中海在一千年内蒸发殆尽，低于海平面 3 000 米到 5 000 米的盆地底部被暴露，并形成几处富盐化的袋状“死海”，比如里海。

继续沿海岸线西行，这里的农业很发达，森林植被也保护得非常好。到达 Kapıdağ（古希腊的 Arctonnesus）半岛的基齐库斯（Cyzicus）考古遗址，它是密西亚（Mysia）时期的一个古城，由来自希腊塞萨利（Thessalia）的皮拉斯基人（Pelasgi）建立。在希腊神话中，阿尔戈号（Argo）的船员们在前往黑海寻找金羊毛的途中曾访问这座城市。古城在伯罗奔尼撒战争后变得非常重要，而与此同时雅典和米利都（Miletus）衰落了，但这座城市也在公元 443 年到 1063 年间被多次地震摧毁。不过，时间不早了，我们就没有细看，而是赶往今天的最后一个观察点。

İntepe 位于 Biga 半岛，其晚中新世剖面厚约 170 米，主要由泥岩和富含钙质超微化石的生物碎屑灰岩组成。看完这个剖面，太阳正在达达尼尔（Dardanelles）海峡上落下，满天的晚霞闪耀着金色的余晖。然后我们回到海峡重镇查纳卡累（Canakkale）住下了，这里的伊斯兰教氛围厚重，随处可见漂亮的清真寺。

9 月 14 日清晨，没想到在查纳卡累的城市中心还能听到鸡鸣，随后传来宣礼塔上悠扬的召唤声。特洛伊就在附近，毫无疑问是达达尼尔最著名的古迹。当我们到达特洛伊才发现，它比传说中小很多，更像是一个村落，但这里持续有 9 个文化层叠压。德国考古学家谢里曼（Heinrich Schliemann）19

世纪末在这里的工作甚至开启了现代考古学，他曾使用的探方发掘仍然是现代的基本技术。印象深刻的还有遗址展现的建筑风格传承，几千年不变的石头精神，所以各个时代都留下可见的痕迹。

当然，来到特洛伊就必然会想起荷马和木马，想起《伊利亚特》和《奥德赛》，想起海伦和帕里斯。谢里曼的初衷也是按照荷马史诗的描述来探寻特洛伊，他挖掘了一个巨大的壕沟，正当嘲笑之声甚嚣尘上之时，他发现了一系列金质的文物，立刻让质疑的人闭上了嘴。不过，谢里曼找到的其实并不是阿伽门农攻打的特洛伊，而是还要再向前推 1 200 年的青铜时代遗存。

我们回到查纳卡累坐滚装船渡过海峡，前往加里波利（Gallipoli）半岛。每趟船的间隔很短，而且海上风光由于两岸相近可以看得很清楚，也就不觉得难于等待。到达北岸的 Seddülbahir，很近的地方就是剖面，黏土岩中双壳类化石丰富，密集成层。剖面的山丘下是土耳其乡村的农产品摊位，水果质量很好，农民自产自销，就地售卖。

半岛上覆盖了茂盛的松树林，随处可见第一次世界大战的纪念碑，还有许多纪念墓地和博物馆，大约 8.6 万名土耳其士兵和 16 万名协约国军战士葬身于此。奥斯曼帝国时代坚固的克里提巴伊尔（Kilitbahir）古堡依然屹立，其城墙一直延伸到海边，以确保在当时控制整个海峡。

我们就在 Sonok 海边的饭馆午餐，当然，又是土耳其烤肉。接下来的剖面就在海岸线上，潮水冲刷着黏土岩和灰岩，里面的贝壳化石被清洗得更加醒目。到最后的地点 Conkbayırı 观察山麓冲积扇沉积时，太阳就落入海峡，一片灿烂的天空与地中海浸染成一体，投射出近岸岛屿的剪影。我们今晚住的旅店是乡村风格，有土耳其乐队在演奏。夜风已经很凉了，有人穿上了羊毛衫，我也加了一件厚实的衬衣。

9 月 15 日，昨晚大客车因为太大太高没能开进旅店，乡村的砂石路面无法通过，就只能停在外面高速路边。我们早餐后走出去上车，不过也没多远，两百米而已，行李是旅店的小客车运出去的。

今天主要观察马尔马拉海地区的第四纪海相台地，通常沿海岸线分布，富含海相化石。很快就到第一个地点 İyisu，是约 20 万年前海侵阶地上的贝壳堆积，完全是由厚壳的牡蛎形成，罗马时代曾用来烧石灰。我问随行的研究者是否在其中发现过珍珠的化石，他说有的。海边乡村的土耳其人非常热情，我们路过他们家时，一定要我们喝一杯矿泉水解渴。第二个地点是在格利博卢（Gelibolu）镇海边的海蚀崖，由约 10 万年前的砾石构成，也夹有少量贝壳化石。这里的每个村镇都有古迹，海蚀悬崖上就有古代的城堡。

第三个地点是考古遗址，专门请伊斯坦布尔大学的考古学教授来讲解，一开始还参观了一座帕夏（Pasha）的陵墓。这个地点的遗址是色雷斯的切索尼斯（Chersonese）古城，像特洛伊一样，在希腊和罗马时代都有修筑。城址在山丘最高处，扼守半岛颈部，北面是爱琴海，南面是达达尼尔海峡，战略位置非常重要，第二次世界大战盟军构筑的碉堡还坚固如初。

沿海边行驶了一个小时后到达第四个地点 Gaziköy，这里有马尔马拉海地区保存最好的海相台地之一。剖面在村庄后面的山坡上，走过去时，看到山坡上茂盛的无花果树，大家都去摘来吃了，老乡看着非常高兴，车行途中遇见的居民也常常挥手致意。北安纳托里亚断层正从这里穿过，历史上发生过多次大地震。午餐正在海边，主食就是鱼了，有沙丁鱼和另一种更大的鱼。经验中沙丁鱼不怎么样，就试试另一种鱼，结果还是不怎么样。

最后一个地点不算远，但我们不能沿海岸的公路走，而是要返回西面上高速公路，这样就有点耽误时间，花了两个小时到达马尔马拉城。这里曾经是色雷斯最重要的政治、经济和文化中心，保留着罗马时代的遗迹。有一处很大的发掘现场，是公元 5 世纪的教堂，但已毁于地震。那些精美的大理石构件震撼人心，更早的卫城还保留着城墙，历尽沧桑依然屹立。

我们有几个人要乘晚上的航班，还有几个人明天的早班要住在机场，于是客车先送我们，分手时大家依依惜别。考察组织得非常好，内容和后勤都安排得充实而舒适，大家用热烈的掌声向组织者表示诚挚的谢意。

达尔文进化论的形成与他参加贝格尔号环球航行期间在南美收集到的证据密切相关，这些证据不止来自现生生物，更大量来自古生物化石。与此同时，达尔文还是一位优秀的地质学家，他在那时对南美地质的观察、记录和认识，许多至今都是相当正确、准确和精确的知识。因此，2014 年 9 月 28 日至 10 月 3 日在南美阿根廷召开的第四届国际古生物大会的主题就定为“生命的历史：来自南半球的视点”，自然也吸引了全球古生物学家的目光。有 900 多位同行最终聚集到门多萨（Mendoza），这次会议是这个会议历史上人数最多的一次。

为了参加这次盛会，我们也不远万里，绕道半个地球，从东半球和北半球的北京来到西半球和南半球的门多萨。北京的地理对跖点就在阿根廷首都布宜诺斯艾利斯南面的潘帕斯（Pampas）草原上，因此当下时节这一带的气温跟北京差不多，虽然一个是春天，一个是秋天。

门多萨是阿根廷的历史名城，是门多萨省的省会，位于以葡萄酒酿造闻名的库约（Cuyo）地区的核心地带，所以连旅店的大堂里都摆放着葡萄酒的加工机械作

眺望安第斯山主脉的皑皑雪峰

安第斯山中央穿越铁路

为装饰。城市建在由门多萨河冲积出的平原上，市区的人口只有十多万，因此这里大多数时间都显得安静祥和，交通也不拥挤，但有些时间会堵车，不过我们待了一周也没有判断出规律来。

门多萨的海拔只有 700 多米，但其西面南北向延伸的高高安第斯山阻断了太平洋湿润空气的东进，使得这里的气候特别干燥。不过，丰富的冰川融水为城市提供了水源，街道两旁都有沟渠引流灌溉行道树，因此城市显得郁郁葱葱。还有很多法国梧桐，形成茂盛的林荫道，我们从旅店去会议中心时总喜欢在这些树下行走。另一方面，门多萨位于环太平洋地震带之上，活动频繁的库约断裂带穿过整个城市，使得这个地区历史上地震多发。1861 年的强烈地震曾经完全地毁灭了门多萨，这也许是重生后的这座城市至今不建摩天大楼的原因吧。

安第斯山脉是纵贯整个美洲大陆西部的科迪勒拉山系的南美部分，从门多萨就能望见崔嵬的山势。在构造地质上将安第斯山脉由东向西分为前科迪勒拉山、科迪勒拉前山和科迪勒拉主脉三列。在这次古生物大会期间安排了野外考察，给与会者提供了了解安第斯山中部地质演化历史的机会，因为这里有该地区最经典的剖面之一，更有意义的是能够看到达尔文早在 19 世纪描述的化石地点。对安第斯山中部地质现象的认识正是开始于达尔文的考察工作，他在 1835 年 3 月 29 日至 4 月 5 日期间的开创性旅程首次描述了横跨安第斯高山的骡道两侧的地质现象。

虽然门多萨市内是晚春的气候，甚至已经感受到初夏的热度，但来开会之前就知道去安第斯山的考察要到达雪线附近，所以已经准备了御寒的衣物，不少同行甚至带了羽绒服。出发的早晨大家非常兴奋，每辆考察车上都有阿根廷的地质学家做讲解并回答我们的疑问。首先向西北方向行驶，一路是山前开阔的草原地带，大约 50 公里后造山带突然隆起，大家在山脚下车来稍作休息。这里有一个历史悠久的温泉，根据达尔文等人的记述可知，从 17 世纪开始就是大多数旅行者在翻越前科迪勒拉山之前过夜歇脚的地方。这里林木葱茏，据说还有美洲豹（*Panthera onca*）活动，当然一般人是很难有幸看见它们的行踪了。

得益于现在便捷的交通，我们很快就上山了，沿着盘山的砂石道路乘车直奔前科迪勒拉山的极顶而去。之字形的道路开凿在泥盆纪砂岩上，沿着陡峭的山壁仿佛一直向云端延伸。行车路线与通向智利的旧骡道重合，圣马丁

1 山脚下春天的树林
2 骆马警觉地抬头观望
3 达尔文发现硅化木的纪念碑
4 布宜诺斯艾利斯街头的绘画者
5 门多萨市内的圣马丁将军骑马铜像

(San Martín) 将军率领的军队正是沿这条道路在 1816 年翻越安第斯山向智利进发。靠近山顶是一系列中新世的安山岩体，这些岩石常常含有金矿和铜矿，从印加时代就开始开采。我们在山口的圣马丁将军纪念碑前聆听了他的伟业，远处白雪皑皑的群峰似乎铭记着他的军队艰苦穿越的光荣。

上山途中我们不断见到成群的骆马 (*Vicugna vicugna*)，它们并不怕人，显然得到了很好的保护。骆马是野生羊驼的中文名，可能是依据其骆驼科的属性再加上其英文名称 llama 的读音来翻译的。不过，这样似是而非的翻译也可能让不了解动物分类的人以为这种动物与马有什么关系，其实骆马属于偶蹄目，与属于奇蹄目的马有很大的差异。骆马是上新世时期骆驼科动物从北美大陆进入南美洲遗留下的后代，它们体型较小，体长 1.45～1.6 米，体重 35～65 公斤。骆马的脖子和腿很长，看起来确实与骆驼有相似之处，但并无驼峰。骆马就分布于安第斯山区以及南美南部的草原和半荒漠地区，尤其喜欢生活在海拔 3 500 至 5 750 米的高山上。印第安人很早就将骆马驯化成了羊驼，曾经被广泛地用作驮役工具，就像中国农民驾驭小毛驴一样。

阿根廷的前科迪勒拉山是一个褶皱和推覆带，主要由早古生代的岩石构成。这些岩石由寒武纪和早奥陶世的台地相厚层碳酸盐形成，含有著名的三叶虫小油栉虫 (*Olenellus*)，这是来自劳亚大陆的动物群成员。晚奥陶世到早泥盆世转变为以碎屑岩为代表的磨拉石沉积，与枕状火山岩和蛇绿岩互层。到中生代，三叠纪的裂谷沉积与其下伏的古生代沉积呈角度不整合。

我们这次考察中令古生物学家们最兴奋的化石地点到了，达尔文在这里的中三叠世地层内发现了硅化木森林。这些树木化石以直立状态保存，是第一次在南美发现的原地石化森林。当达尔文看见第一根硅化木时，他就不无幽默地写道："这些雪白的圆柱让我想起，罗得的妻子变成了一根盐柱"。"罗得的妻子"是《圣经 · 创世纪》上的故事，这个盐柱位于以色列的所多玛山。圣经上说："当时，上帝将硫磺与火从天上上帝那里降与所多玛和蛾摩拉；罗得的妻子在后边回头一看，就变成了一根盐柱"。当然，达尔文同时也做了正确的科学描述："我数了 52 棵树桩，它们突起于地面之上 2 到 5 英尺，在地层中几乎垂直挺立，而地层以 25° 角向西倾斜"，"所有树桩的直径都差不多，变化从 1 英尺到 18 英寸，相互之间的距离约 1 码，最长的一根树干在地面之上有 7 英尺，树根隐藏不见"。他准确地认识到这套沉积物中的主要成分是细粒的火山物质，他也思考了造成古植物群被掩埋的原因，现在的解释是一个

1 前科迪勒拉山顶的简易公路

2 岩浆岩系前的皮苏塔拱桥

3 高山上的仙人球还没有苏醒

4 由达尔文首次描述的安第斯高峰剖面

1 硫酸盐覆盖的印加天生桥
2 宏伟的阿空加瓜山南壁
3 连接阿根廷和智利的山谷通道
4 扼守山口的印加桥火车站
5 达尔文曾经投宿的避难所

远处而来的火山碎屑岩流掩埋了森林。

达尔文描述的这套地层中有两个层位保存了针叶树和盔籽类（corystosperms）植物形成的硅化木，2009 年为了纪念达尔文诞生 200 周年和《物种起源》出版 150 周年，门多萨市特别在这个化石地点竖立了一块纪念碑。第一个层位中占统治地位的主要为盔籽类植物，也包含针叶树，推算的树干高度可达 20～26 米。第二个层位主要由针叶树组成，高度达 16～20 米。对这些硅化木的形态功能、结构参数、生物量和树冠覆盖面积的研究，证明其主要是干旱的常绿亚热带季节性森林。大家不满足于只在纪念碑前听介绍，纷纷登上更高处仔细观察岩石和地层。现在这里完全是稀疏的干旱高山植被，在这个季节仍然枯黄一片。

越过前科迪勒拉山，考察的车队下降到与科迪勒拉前山之间的乌斯帕亚塔（Uspallata）谷地。早古生代的蛇绿岩带从谷地通过，在南北方向的延展超过几百公里。我们路过帕拉米洛斯（Paramillos）矿区，据介绍说这是西班牙殖民者到来之前的印加人银矿，具有几公里长的坑道。在车窗外可以看到由红层和玄武岩流构成的三叠纪裂谷沉积序列，上部覆盖着有机的黑色页岩，它是门多萨南面开发的油田的主要烃源岩。中新世的安第斯推覆体在新生代沉积物之上叠覆了几次三叠纪火山岩，这个现象可以在乌斯帕亚塔山谷南端见到。

在皮苏塔（Picheuta）我们近距离地观察了科迪勒拉晚古生代-三叠纪的流纹岩和花岗岩。我们的午餐就在圣马丁率领安第斯山军越过山脉去解放智利和秘鲁时修建的皮苏塔拱桥旁，清澈的溪水哗哗流淌，还有当地人在溪边垂钓，附近保留着当时的兵工厂和冶炼厂等遗址，但我们没有时间去参观。

车队继续往前行驶，现在已经是很好的高等级公路，可以不时见到有铁路线共同延伸，但并没有列车行驶，显然已经废弃了。这条铁路的名字叫安第斯中央穿越线，是一条跨越高海拔崎岖山区的铁路，阿根廷一侧就起于门多萨，在智利一侧止于安第斯城。门多萨曾经因为该铁路的通车而繁荣兴盛，因为这里是从阿根廷到智利必经之地。这条铁路废弃的原因可能是轨距与两国其他铁路线不同而影响了行车效率和成本，阿根廷和智利两国铁路为宽轨，而安第斯铁路为米轨。此外，这条铁路修建的年代较早，由于技术的局限，采用了较多的“之”字形来克服路线的陡峭上坡地段，使得行车里程大大超出了直线距离。

雪山越来越近了，在海拔接近 3 000 米时出现了一个叫印加桥（Puente del Inca）的火车小站，虽然没有列车经过，但站上的房屋仍然漆着鲜亮的颜色。火车站后深谷上的印加桥是一座天生桥，形成于晚更新世的末次冰消期，可能是雪崩产生的冰桥。由于有推覆体控制的温泉的存在，溢出的硫酸盐和碳酸盐在冰面逐渐凝固，并有内部的生物沉淀作用固结崩塌的沉积物，最终形成现在这座桥。这处温泉的沉积作用非常强烈而快速，所以当地的印第安人将工艺品浸入温泉中，很快就会结出黄色而带有粒状突起的硬壳，成为别具特色的纪念品。

我们就聚集在火车站上，观看印加桥南侧的中生代地层剖面，这是安第斯高峰地带最经典的剖面，最早由达尔文描述。达尔文在印加桥对复杂构造剖面的观察，以及他在这套巨厚地层内与火山岩互层的浅海相沉积中发现的双壳类化石，使他推断出几个地质过程。达尔文讨论了山脉的隆升、海相基底的沉降、科迪勒拉间歇性的侧向生长，以及它们与地震和火山活动的联系，这是对莱伊尔（Charles Lyell）提出的山脉隆升均变论假说的一个重要发展。达尔文能够认识到山脉隆升的间歇性，基于这些前提，他得出结论：安第斯山仍然在继续的隆升之中。从整体上看，他的认识早于地槽理论以及现代的褶皱和推覆带前陆迁移假说的观点许多年。

与间歇性地震和火山活动相联系的证据，一部分被达尔文观察到了，一部分来自其他观察者，可以互补地理解与安第斯山隆升相关的过程，成为构造均变论的最好例证之一。很容易理解莱伊尔对达尔文观察所描绘的证据是何等满意了，因为那时与均变论对立的灾变论正甚嚣尘上。实际上，莱伊尔和达尔文这两位科学家之间在英国的地质学会中就已经建立出了亲密的友谊。毫无疑问，达尔文和莱伊尔的观点逐渐被地质学界接受。早期达尔文在持续几年的野外工作中受到的良好训练，使他称得上是一名优秀的地质学家，所以他在对阿根廷和智利之间安第斯山的考察中获得了正确的研究结果，而安第斯山也在他的有关假说中扮演了重要的角色。

听介绍才知道，攀登南美最高峰——西半球最高峰阿空加瓜山（Aconcagua）的登山者通常就将印加桥作为出发的大本营。想着在西藏要看到珠穆朗玛峰所经历的千辛万苦和旅途劳顿，不曾料到阿空加瓜山却是如此便捷就能到达，穿越安第斯山的铁路和公路都从山脚近处通过。阿空加瓜山海拔 6 967 米，“阿空加瓜”在当地印第安人瓦皮族语中是“巨人瞭望台”的意思，与其雪山高峰的地位完全相称。

我们顺着登山小道向阿空加瓜山靠近，已能直接接触到冰雪了，温度变得更低，让人禁不住瑟瑟发抖。观察点面对阿空加瓜山宏伟的南壁，这个陡壁由中、晚中新世喷发的火山岩和安山质的角砾岩流形成，它们不整合地覆盖于白垩纪陆相和海相沉积之上。阿空加瓜被达尔文解释为一个活火山，因为他当时认为看见了明显的火山灰云，但实际上只是山顶被强风吹起的白色冰粒，阿空加瓜山的最后一次喷发早在 890 万年之前。

我们最后前往邻近阿根廷与智利边界的山口，这里依然屹立着达尔文曾经投宿过的避难所，一些旅行者也描述过在这里躲避暴风雪的艰难困苦。西班牙皇家邮政在 1765 年建立了这些避难所，以备在冬季翻越安第斯山主脉，因为那个时候西班牙正在与英国开战，失去了从麦哲伦海峡通往太平洋海岸的安全通道。这座避难所是红砖的拱顶建筑，下面是两米多高的基座，因此我们这次专门带来了金属梯子，让大家进去参观，尤其想在众多的题刻中看是否能发现达尔文当年留下的印记。为什么要建这么高的基座？原来山口冬天的积雪会达到 2 米的厚度，这样避难所才不至于被掩埋。现在看到的建筑没有门板，只有开放的门洞，但并非是残破的结果，在西班牙殖民时代就是如此。原来，冬天进来避难的人会无法忍受严寒，就把木质的门劈来烧火取暖了，每次重新装上门都是这个结果，所以后来干脆就不装了。

在流传的故事中，当达尔文提出要考察安第斯山时，贝格尔号（HMS Beagle）的舰长菲茨罗伊（Robert Fitzroy）大吃一惊，问他："这山又高又长，您怎么走得过去？""我就是要走前人没走过的路！"达尔文坚定地说道。舰长被他的精神所感动，答应了他的要求，为了安全起见，又派了向导和骡马一同前往。在高高的安第斯山上，达尔文不仅从化石中发现了山脉隆升的秘密，还看到山脉两侧现生植被的差异，认识到地球和物种都不是一成不变的，在此期间地质演变和生物进化的思想已在他的脑海中深深扎根。作为地质学与生物学的交叉学科古生物学的研究者，我们也在对安第斯山的短暂考察中受到了深刻的洗礼，更加深了对达尔文的钦佩与崇敬。

我与昭通其实很有缘，因为家乡四川宜宾就和云南昭通接壤。两地间的交通非常便捷，有高速公路连接，所以几年前的春节里我也曾从宜宾驾车3小时往访昭通。今年我们要与云南省文物考古研究所和昭通市政府合作进行水塘坝晚中新世古猿化石地点的发掘，很高兴能旧地重游，追溯过去的印象。

昭通也有铁路，是由四川内江通往昆明的内昆线。这是西南地区的一条重大铁路干线，其北段从内江至宜宾县安边镇的线路早在1960年就已建成，我就是从小听着这段铁路上的隆隆火车声长大的。但内昆铁路直到1998年才恢复施工，在2001年全线铺通，使昭通这个老、少、边、穷地区在交通上得到了快速发展。不过，我们这次最便捷的行程还是由北京飞往重庆，再转机到达昭通。昭通机场有悠久的历史，始建于1935年，在抗日战争期间是重要的后方战备机场之一，起降过B-29轰炸机。

我在2015年3月10日前往昭通，古脊椎所侯素宽博士和冯文清高级工程师率领的研究和技术人员已从3

黑颈鹤与绿头鸭争食

干热坝子景观

月 1 日起在这里开展工作。乘飞机到昭通还有一个很大的好处，就是可以从空中俯瞰地形地貌，对云南高原典型的“坝子”有整体的印象。昭通及其下辖的鲁甸县处于“昭鲁坝子”上，是乌蒙山间一块难得的平地，而昭通市的其他县都处于高低不平的山地上。

昭通坐落在从四川盆地向云贵高原抬升的过渡地带，昭鲁坝子是云贵高原典型的坝子之一，这个季节正是旱季，气候干热。坝子也就是局部平原，主要分布于山间盆地、河谷沿岸和山麓地带。昭鲁坝子就位于乌蒙山的山间盆地，地势平坦，气候温和，土壤肥沃，灌溉便利，是农业兴盛、人口稠密的经济中心。

昭通历史上地处南方丝绸之路的要冲，素有“锁钥南滇，咽喉西蜀”之称。公元前 221 年秦始皇统一全国后，为了进一步经略云南，派人将李冰开凿的始自今天宜宾的僰道延伸至现在的曲靖，其道宽五尺，故称为“五尺道”。西汉在这里设朱提县，由此首次被纳入中央政权的管理之下。直到元朝改称乌蒙，再到清雍正年间更为现名昭通。

飞机在昭通上空逐渐降低，我在事先的准备工作中已经从卫星照片上了解到，水塘坝就在机场与市区之间，是最靠近城市的一个古猿化石地点，降落前应该能够看到。果然，从空中看下去，水塘坝是一个很小的采掘坑，而昭通市区的周围还有不少呈黑色的大坑，都是采掘褐煤的露天矿区。昭通是著名的褐煤盆地，资源较为丰富，分布面广，上覆岩层质地松软，很容易进行露天开采。

飞机降落后我很快就走出机场，昭通市文物部门的同行和发掘队的队员已在等候，我们立刻驱车前往水塘坝的工地。与从卫星照片上的判读完全一致，水塘坝的采掘坑是一个砖厂的取土地点。地层剖面清晰地显示出主要为黑色的碳质泥岩组成，螺蚌壳丰富，其中有两层褐煤，因此砖厂同时也采掘褐煤作为烧砖的燃料，一举两得。由于 2009 年在这里发现了一具禄丰古猿的幼年头骨，所以化石地点已得到很好的保护，随意的取土已经被停止。我们这次就是在坑的南壁开辟了一个发掘工作面，表面之前已经动用大型机械将晚期覆盖堆积剥离。

昭通盆地的新近纪哺乳动物化石在 20 世纪 50 年代就已发现。周明镇院士在 1961 年的论文中指出，包括乳齿象和剑齿象在内的这些化石与南亚西瓦立克晚中新世晚期的哺乳动物群具有相同的时代。随后，周明镇等人在 1962

3

1 水塘坝煤系地层剖面
2 完整的蚌壳化石
3 剑齿象（陈瑜绘）

年描述了一个剑齿象新种，就命名为昭通剑齿象（*Stegodon zhaotongensis*）。以昭通发现的化石作为模式标本建立的哺乳动物新种还包括昭通中华河狸（*Sinocastor zhaotungensis*）和云南貘（*Tapirus yunnanensis*），这些种类的化石在最近的发掘中出土了相当多的材料。

工地上正在进行紧张的工作，由一队民工承担土方的开挖。我们的研究人员负责出土标本的鉴定，技术人员及时清理固定标本，昭通文物部门的同志担任照相和编号工作，大家相互配合，一切井然有序。已经发现一系列标本，每天平均产出 30 件左右化石，以鸟类和哺乳动物最多，还有鱼类以及少量龟鳖和鳄鱼等的材料。哺乳动物牙齿的釉质在褐煤层里常常被染成黑色，而且黑得透亮，骨骼则是褐黄色的，更加衬托出牙齿的耀眼。由于埋藏作用的原因，标本大多比较破碎，因此 2009 年云南省文物考古研究所的吉学平研究员率队在此发现的古猿头骨实在是相当难得。

昭通是继云南开远、禄丰、元谋、保山之后，又一个发现古猿化石的新地点。水塘坝发现的古猿头骨面部基本完整、保存状况极佳，仅有微小的变形，为研究这一地质历史时期古猿的形态特征提供了十分珍贵的信息。这件头骨属于禄丰古猿（*Lufengpithecus lufengensis*）的幼年个体，但其特征已与成年个体相近。

民工们都很认真，没有人懈怠。每天上午从 8 点半到 12 点，下午从 1 点半到 5 点，大家都在埋头发掘，不时有人报告发现了化石。民工们的性格迥异，有的风趣幽默地说笑，有的闷声不响地倾听，但手上并不闲着，一点都不耽误工作，到下班前最后一分钟还在努力干活。不过，文管所的同志还是时不时提醒他们，注意力要集中，不要分心而错过化石的端倪，更要注意尽量在挖掘过程中使化石保持完整。

昭通的气候特征是四季不分明，冬无严寒、夏无酷暑，但这只是理论知识。到了才知道，现实是有差距的。我们 3 月份到昭通，看天气情况，温度已在 15℃左右，应该是真正的春天了。谁知，昼夜的温差特别大，早上和傍晚只有几度，再加上阴天和刮风，穿上羽绒服还瑟瑟发抖。而到了 3 月中旬，中午的温度已超过 25℃，衣服一件件脱掉，穿着短袖在阳光下仍然流汗，仿佛夏天已经到来。昭通存在明显的旱季和雨季，春天正是旱季，所以我们选择 3～5 月开展发掘工作。直到我 3 月 20 日离开，没有下过一滴雨。我们工作很方便，但农民都盼着有雨水浇灌庄稼，春雨贵如油啊！

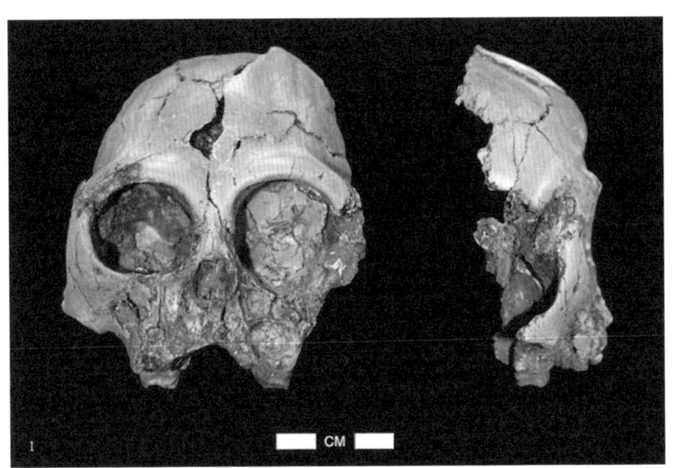

1 水塘坝发现的古猿化石（据吉学平）
2 梨花开满山野
3 飞舞的黑颈鹤
4 热火朝天的发掘工地

发掘工地周围的山坡上开满了梨花，在干热坝子的阳光下更加灿烂，不似文人雅客们欣赏的带雨的柔弱。现在的农产品是十分丰富了，老乡也不太在意采摘，所以树上还挂着不少去年结下的风干梨子。鸟儿欢快地在树枝上鸣叫，色彩明丽缤纷。昭通也号称“苹果之乡”，虽然以前从未听说过，但确实见到种了许多苹果树，在这个季节绽放着白色带有红晕的花朵。

说来有趣，昭通不仅是“苹果之乡”，也是“黑颈鹤之乡”。为了宣传本地的骄傲，在所有出租车的左右两侧都分别喷绘着这两项称号，而且是中英文对照的。可笑的是，英文不知是哪一位负责的人从网上查来的，将“乡”翻译成中国基层行政单位“乡”的 township。于是，跟我们一同在水塘坝参加工作的美国同行以为这里有一个地方叫“苹果乡”，还有一个地方叫“黑颈鹤乡”。

由于发掘的土方量很大，民工也非常辛苦，于是就安排每周星期天休息。3 月 15 日是休息日，我们决定去离昭通 70 多公里的大山包国家自然保护区观察黑颈鹤。正巧，在水塘坝遗址出土的化石中鸟类最常见，看来昭通自远古以来就是鸟类的天堂。已鉴定出的鸟类化石包括 11 目 18 科的游禽、涉禽、猛禽、陆禽、鸣禽等不同的生态类型，尤以游禽和涉禽为多，特别是游禽类。鹤形目也出现在遗址中，如此之多精美鸟类化石的发现，被认为在中国西南地区新近纪鸟类化石的发现史上是一个奇迹。

大山包是黑颈鹤的越冬栖息地，它们为了躲避青藏高原冬季的严寒而来到这里，最近正在养精蓄锐，准备返回逐渐温暖起来的繁殖地。大山包的海拔超过 3 000 米，所以我们从昭通市区出来后就一直在走上坡的路，越到后来坡度越大，而且盘旋上升，70 多公里的公路里程比直线距离多出一半。去大山包公路两旁的村落建筑都按统一要求装饰过，描绘成传统的民居样式，白墙黑瓦，转角柱头画成青砖花纹，墙面上还有“福”字和花卉图案。逐渐上山，山顶是次生的松林，栽种的时间不长。

接近大山包，已经看见有大量赤麻鸭在湿地的水流处活动。最后到达大海子，实际上是一个人工的水库。黑颈鹤正在聚集，动物保护站在中午 1 点准时给它们喂食。我们到半地下的观鸟坑道近距离地察看黑颈鹤和绿头鸭等水鸟，此时已经有许多观鸟者在耐心等候。黑颈鹤更有耐心，比喂食时间提前 1 个多小时就来了。前往大山包的短暂访问增加了我们对鸟类生态的了解，也对认识新近纪以来这一地区的环境变化有了直观的印象。

1 市中心的辕门口
2 在煤矿采掘面上考察
3 褐煤中的树木
4 昭通旧城区的街道和城门
5 罗炳辉将军铜像
6 化石露出端倪

昭通在云南属于比较偏远的地区，经济发展水平相对落后，工业污染似乎不大。然而，每天上午坝子周围的山峦都影影绰绰地看不到真容。原来，这里的 PM2.5 浓度虽然较低，但由于褐煤露天开采、大规模城市建设、土地严重裸露等原因，PM10 的水平相当高，所以空气的透明度依然很差。

我们开始住在水塘坝附近的一个旅店，走田埂路十分钟就能到达发掘工地。但旅店不能正常地供应热水，在野外的煤坑里工作了一天却无法洗澡，所以后来就搬到城里住了。

昭通与中国的其他城市一样，楼房建设日新月异，我完全找不到几年前来时的印象。市中心的“老街”，也就是解放前昭通县城所在的区域，在保持原有格局的基础上，完全是最近刚刚重建的民国风格的商业区，点缀着簇新的城门和牌坊。四座城门东为抚镇门，朝向镇雄县；南为敉宁门，“敉”也是安抚之意，对着贵州的威宁县；西为济川门，通往四川方向；北为趣马门，在古汉语中“趣”与“去”相通，指北可到达雷波县的马湖。

改建的政府广场上矗立着从农民出身的普通士兵成长为中国革命杰出军事家的罗炳辉将军的骑马像，代替了他原来的拄刀像。老城中心的辕门口是全城的制高点，新建的“共赴国难”雕塑底座上镌刻着参加台儿庄战役阵亡的 1 200 多位昭通籍将士的名单，令人肃然起敬。

政府广场后壁的浮雕展示了昭通历史人物的风采，但我还是第一次知道昭通最早的名人竟然是传说中古蜀的国王杜宇。依据来自西汉扬雄的《蜀王本纪》:“后有一男子，名杜宇，从天堕，止朱提。有女子名利，自江源井中出，为杜宇妻。乃自立为蜀王，号曰望帝”。原来四川人的渊源可以追溯到这里？反正都是传说，姑妄信之。

我们中午就到附近解决吃饭问题，一家小餐馆密集地摆着四张小桌子，人一坐下就动弹不得了。好处是上菜很快，简单方便，这样我们能很快吃完午饭，中午不休息就回到工地，抓紧时间进行发掘。

布方进行发掘不仅事先需要仔细考量，还需要随时进行观察修正。有一天我就发现了问题，有一大片民工正在开挖的部分实际上是比较致密的粉砂岩沉积，呈块状构造，不含螺蚌壳，是能量较高的古水道的产物。根据之前的工作经验，在其中发现化石的可能性很小，于是马上重新布方。结果立竿见影，成绩突出：找到了食虫类、兔形类、啮齿类和食肉类的下颌骨，找到了长鼻类的椎体，找到了偶蹄类的趾骨。

我们也前往考察了昭通其他发现过化石的露天开采的褐煤矿。第一个地点是水井湾，我们一直下到采掘面上。褐煤层很厚，但显然成煤作用不强，可以清楚地看见其中有大量未石化的树干，有些甚至与现代的木头相似。下午去了三善堂，开采的规模更大，我们在坑边观察地层，以前发现过象化石。采煤的过程中灰尘飞扬，使空气里充满了可吸入颗粒物，而褐煤燃烧后更会产生大量可入肺颗粒物。褐煤是煤化程度最低的矿产煤，其燃烧过程对空气的污染非常严重。但是，由于优质煤几乎被采空，褐煤如今已成为我国主要使用的煤。还好，据说现在在将褐煤加工成肥料，利用其中含有的制造有机肥料的必备物质腐植酸，减少了褐煤的燃烧量。

现在的通讯联系方便，遇到发掘中出土的在鉴定上疑难的化石，可以立刻将照片发送给不在现场的国内或国外某个门类的专家，大家能够开展及时的沟通和讨论。不过，也有一些困难，如工地上要配制加固和粘接化石的溶液，需使用丙酮做溶剂，但丙酮属于易制毒化学品，购买必须申请、受理、审批、备案，迟迟不能取得，对我们在发掘工作中处理标本有很大影响。

昭通的机场很小，飞机的起降容易受到天气情况的干扰。3 月 19 日一批新的队员从北京出发来昭通，但在重庆转机时却被告知到昭通的航班取消了。确实，上午还是晴朗的好天气，到下午风逐渐刮起来。连忙查看天气预报，果然有七级大风的蓝色预警，飞机无法降落。我们紧急咨询重庆与昭通间的火车和汽车信息，却都不合适。无奈，新队员按航空公司的安排直飞昆明，本来昭通正是这个航班的经停站。最后，他们在昆明机场下飞机后就立刻奔向火车站，赶上了 5 点出发的车次，在夜里的 1 点半才到达昭通。

尽管没有休息好，但第二天新队员还是与我们一同前往水塘坝，这样就可以在发掘工地现场上进行详细的交接。上午的工作跟平常一样，采集到十多件标本，主要是鸟类和哺乳类的肢骨化石，还有两枚完整的河狸门齿。

我们看到今天的飞机已经能正常降落，到中午时，第一批队员开始陆续离开。我和大家一道去了那家小饭馆，还像平常一样聊得很热烈，这段时间已经与昭通文管部门的同行建立了深厚的友谊。中午我也要离开了，很有些依依不舍，希望队员们继续努力工作，在接下来的日子里能有更丰硕和更重要的发现。

保加利亚纪行

我与保加利亚自然历史博物馆的馆长尼科莱·斯帕索夫（Nikolai Spassov）教授是多年的老朋友了，我们都研究新近纪的大型哺乳动物化石，所以不仅每每在国际会议中见面，也经常通过电子邮件交流讨论相关的学术问题。2013 年在伊斯坦布尔再次相遇时，我邀请尼科莱来中国考察甘肃和政的晚新生代哺乳动物化石，结果很快成行。就在他的这次访问期间，我们讨论了合作研究的意愿。2014 年尼科莱在中国和保加利亚两国科学院的交流计划支持下又一次前来中国，与我们开展了实质性的共同研究。保加利亚的晚中新世三趾马动物群与中国甘肃和政及山西保德、榆社等地的情况非常相似，拥有大量哺乳动物化石标本，是我们进行对比研究不可或缺的重要材料。于是，2015 年 10 月，我和博士生李雨、李刈昆一行三人，在尼科莱的邀请下，对保加利亚进行了一次富有成效的学术访问。

我们于 10 月 20 日到达索非亚，尼科莱已在机场等候，很高兴在这里见到他。索非亚的机场很小，离城也很近，进城的道路旁不时闪过洋葱头穹顶的东正教教堂，

远眺哥尔尼苏西察村庄和剖面

阿兹玛卡古猿化石地点

还有反抗奥斯曼帝国的纪念碑。尼科莱已经给我们定好了旅店，离博物馆步行 10 分钟。这里是索非亚的市中心，街道很古老，建筑具有巴尔干半岛的特点。我们下午休息一下，4 点钟出去走走，但下起雨来，没走多远。晚上在餐厅与店员交流起来比较费劲，当地人不太会讲英语。

第二天去昨晚说好时间吃早点的餐厅，却没有开门，也许他们没有听懂我们的要求。索非亚很安静，8 点钟在街上还见不到什么人。博物馆 10 点才上班，我们 9 点半出发前往。路上经过著名的涅夫斯基（Aleksandar Nevski）大教堂，旁边的圣索非亚（St. Sofia）教堂外墙下有纪念无名战士的长明火。

来到博物馆，尼科莱的秘书带我们去参观。博物馆不大，但自然历史的内容依旧齐全，包括动物、植物、矿物、化石等等。动物剥制标本做得很好，而昆虫是博物馆的特色展品，馆徽的图案就是一只具有长长触角的天牛。化石所占的面积不多，一方面是受空间的限制，另一方面是阿塞诺夫格勒（Asenovgrad）有专门收藏展出哺乳动物化石的分馆。随后，尼科莱跟我们讨论了这次访问的计划：先在索非亚博物馆用两天时间观察标本，然后去野外地点，最后到阿塞诺夫格勒对化石藏品开展对比研究。

我们到半地下的库房观察标本，初看起来很杂乱，但标本的管理却非常有序，所有要看的化石都可以从记录清楚的名单上选取。他们的化石地点不少，材料也很丰富。我观察犀牛和三趾马化石，李刈昆看羚羊标本，李雨和尼科莱在楼上办公室讨论猫科材料，大家各自忙碌。

次日，专门研究三趾马的拉汀卡 · 赫里斯托娃（Latinka Hristova）来给我介绍博物馆的藏品和她的一些研究成果，这样我看起标本来就比较有针对性。地中海地区的三趾马有很多种，今天主要观察了 3 种三趾马的化石。也有一个在中国材料研究中遇到的相同问题，就是头骨容易鉴定，但要根据头后骨骼归入某个种就比较困难，因为没有发现头与头后骨骼连接的骨架。不过，也看出一个问题，就是种的分布比较局限，这里的三趾马与东亚的完全是不同的种，其实都可以划分在共同的亚属里。种的判断也可以有不同的标准，作为马这类快速奔跑的动物来说，泛欧亚大陆的同种分布应该是可能的。

这些年尼科莱领导的小组做了不少工作，发表的文章相当多。本地区有丰富的灵长类化石，这也是受到重视的一个原因。我就看到一个猴类头骨没怎么修复就放在标本柜里。他们人手不够，也说明灵长类确实比较多，要不

1 栩栩如生的奥韦涅互棱齿象
2 展出的剥制标本
3 暮色中的哈吉迪莫沃化石地点
4 涅夫斯基大教堂
5 群山环抱中的里拉修道院

1 晨曦倾泻在皮林山顶
2 卡利曼茨的路牌
3 巴尔干山野的秋色
4 乡村饭馆的装饰
5 挺拔俊秀的欧洲冷杉

早就修复好了。

天气很冷，又一直下着雨，似乎今年地中海的冬季天气提前到秋天了。研究长鼻类化石的乔治·马尔科夫（Georgi Markov）中午来陪我们去外面的快餐厅吃饭，他会下中国象棋。傍晚下班后李刈昆跟他对战三局，乔治赢了最后一局。晚上我们乘地铁去大学的俱乐部打乒乓球，李雨是专业水平，横扫索非亚的大学生对手是可以预料的。

按照计划，10 月 23 日我们出发去保加利亚的野外化石地点。10 点半尼科莱准时来接，开了一辆宽敞的箱式越野车，由博物馆的动物学家亚森·伊格纳托夫（Assen Ignatov）驾驶。天正下着雨，我们先去博物馆短暂停留，乔治来道别，然后上路了。行驶在城中心较窄的街道上，两旁都是古典的老建筑；渐渐到边缘地带，有了现代的楼房，但没有摩天大厦。整个城市都是很安静的样子，路上车也不多。

索非亚背靠着的群山全是茂密的森林覆盖，这个季节已经一片彩色，秋意正浓。车到郊外，山脚下散落着别墅或者村镇。我们在一个加油站稍歇，这时候雨停了，一道彩虹横跨天际，路旁的灌木结满了累累的红色果实。一路向南，都是在森林的陪伴之下，那些金黄色的树木特别明目。高速公路是新建的，可以看见两旁优良的新生代剖面。我们穿过村镇和森林，到达幽谷中的里拉（Rila）修道院。这里依然是中世纪的拜占庭风格，修道院静卧在山溪旁。溪水被引入到修道院里，游人直接饮用，可能信徒们也相信有“神水”的功效吧。

下午抵达靠近希腊边境、属于保加利亚马其顿地区的哈吉迪莫沃（Hadjidimovo）。尼科莱也有十多年没来了，我们查勘了几处露头，最后询问牧羊人，终于在一座水库旁找到 1 号地点。在这里曾采集到最多的标本，现在也能很随意地发现化石。我就找到了三趾马的颊齿和第三蹠骨，尼科莱说是最好的纪念品。晚上来到一家干净朴素的乡村旅店，已有上百年的历史，叫波波夫客栈。晚餐大家围坐在壁炉旁，品尝着典型的马其顿食物，聆听着悠扬的马其顿民歌，聊到很晚还不肯解散。

24 日早上起来，天边才刚刚露出晨曦，我们到村里朴素的教堂转了一圈。很快，看见阳光最先照在皮林（Pirin）山的顶峰，山顶是裸露的岩石，覆盖了少量积雪，但随着太阳升高，雪融化消失了。近处的戈采代尔切夫（Gotse Delchev）小镇也慢慢醒来，炊烟袅袅地弥散开。旅店主人准备了典型的马其顿风味早餐，很好吃的卷饼，然后我们喝了用各种野生植物配在一起调制的“茶”。

出发了，汽车逐渐爬上刚才眺望的皮林山，这里是国家公园，也是世界自然遗产。山上不仅树木茂盛，还有巴尔干特有的高大的波斯尼亚松（*Pinus heldreichii*）。在山顶可以看见半山腰被快速移动的云烟笼罩，秋天的树叶色彩缤纷，红、黄、绿杂陈，仿佛是在仙境之中。下山途中开始出现晚中新世的陆相沉积，是比较粗的河流相碎屑岩，中间夹有很多砾石，地层水平，厚度巨大，是进行生物地层研究的理想地点。

下山后进入盆地，到达卡利曼茨（Kalimantsi），很老旧的村庄，但依然干净整齐。植被茂盛，树木长得很快，尼科莱他们原来发掘的地点都被新生的植物覆盖了。我们依然到达了原来的位置，能看见发掘的痕迹。尼科莱在村里有一个老朋友，我们去他家坐了一会儿。他自己酿葡萄酒，品尝了一点，味道不错。我们就在村边的小饭馆午餐，真巧，顾客里还有一个老人会说几句中国话。饭馆里装饰着各种野生动物的头部剥制标本，有野猪、狐狸、鹿等，还有整只的鹰。

下午开车走了好长时间，路上见到压死的蛇，亚森对巴尔干半岛的物种很熟悉，告诉我们是毒蛇。最后到达萧条的哥尔纳苏西察（Gorna Sushitsa），剖面更好，露头的厚度有 200 多米。村里已经很少有人住了，以前的村长和一些老人在教堂外台阶上坐着聊天晒太阳。我们找了几次路，终于下到谷底，化石非常丰富，又采到三趾马。这里也有中猴（*Mesopithecus*）化石的发现，所以很重要，将来可以在古地磁工作支持下，成为欧洲晚中新世晚期动物群的典型地点。

回到驻地已经很晚了，这是距桑丹斯基（Sandanski）20 多公里的一个小镇。晚上去饭馆，尼科莱的另外一个年轻人朋友的全家也来相聚。饭馆里有人喝醉了，不断来找我们说话，但说的是保加利亚语，虽然双方无法交流，但知道他们是很质朴的村民。

保加利亚的夏令时在 10 月 25 日，即 10 月的最后一个星期日结束。我事先已了解清楚，手机上的时间也会自动更改。虽然昨晚提醒了，但两个学生还是没搞明白，连尼科莱也忘了这件事早早起来。由于是星期天，小镇上没有店铺开门，我们找不到地方吃早餐。但今天是选举日，居民们都涌到街头，有咖啡馆可以坐坐。我们也就喝了一杯咖啡出发，重新翻越皮林山往回走，一路风光依旧迷人。到达戈采代尔切夫，终于发现一家面包店开着，于是我们坐下来解决了早餐问题。连小小面包店都有自己的 WiFi，保加利亚的免费网络覆盖据说是全世界最高的。

继续向东北方向行驶，道路在罗多彼（Rhodopes）山区穿越。到处郁郁葱葱，森林覆盖率非常高，没有树木之处也是草地，看不到裸露的地方。这一带是穆斯林聚居区，村镇里都能见到清真寺高耸的尖塔。有一条窄轨铁路与公路伴行，穿山过谷，不过看来已经废弃，一路上没有见到有火车通过，但铁路保持完整。

在翻越最高的山口时，亚森停下车来拍摄原始的欧洲冷杉（*Abies alba*）林，每一株都纤细挺拔，高耸入云，非常漂亮而壮观。下山以后，是宽阔的山间谷地，两旁是丘陵。到达多尔科沃（Dorkovo），这是我们的参观地点，尼科莱多年前在此发掘，现在建成一个博物馆。多尔科沃小镇上教堂与清真寺并存，化石博物馆就在镇边，是一座全木结构的圆桶形建筑。主要的陈列是一头等比复原的奥韦涅互棱齿象（*Anancus arvernensis*），做得非常好，既有严格的科学性，又有艺术的观赏性，很值得其他博物馆借鉴。这个地点也有不少灵长类的化石，还有鸟类的材料，大厅里回荡着模拟的鸟兽呼唤和鸣叫声。

傍晚到达普罗夫迪夫南面的阿塞洛夫格勒，拉汀卡已从索非亚赶过来等着我们。晚上旅店的餐厅里一直播放的是希腊的流行歌曲，这里从 6 000 年前已与希腊文化紧密联系，实际上是希腊文化圈的一部分。餐厅就是一个酒吧，电视上在播体育节目，但关掉解说，而放着很大声的音乐，以至于我们聊天都有些费劲，但本地人好像并不觉得。我们一直聊了很久，伴随着循环播放的歌曲，后面几天下来，都已经会哼这些调调了。

从 10 月 26 日开始，我们就在阿塞诺夫格勒工作，对比研究丰富的三趾马动物群化石，主要来自我们考察过的几个地点。我们首先参观了博物馆，规模不大，位于城内的小山顶，它就是索非亚的国家自然历史博物馆的分馆。博物馆的大厅中是一具恐象的骨骼模型，化石发掘自阿塞洛夫格勒附近，原标本保存在索非亚大学。一楼的侧厅是多尔科沃的化石陈列，二楼是哈吉迪莫沃和卡利曼茨的化石展览，后两个地点丰富的三趾马动物群化石也收藏在二楼的库房里。展出做得质朴而专业，吸引着人们前来参观，一天之内有好几队学生团体。哺乳动物的头骨化石相当多，骨架也有不少组装起来，包括

1 多尔科沃别具特色的博物馆
2 珍贵的中猴化石
3 矮脚三趾马（*Hipparion brachypus*）
4 顶天立地的恐象（*Deinotherium*）骨架

1 羚羊化石骨架

2 扼守咽喉通道的阿森要塞

3 在阿塞诺夫格勒博物馆前合影
拉汀卡（左一）；尼科莱（左五）；李刈昆（右一）；李雨（右二）；作者（右三）；亚森（右四）；其他为阿塞诺夫格勒博物馆工作人员

中猴、豪猪、鬣狗、后猫、三趾马、羚羊等。

我们各自为政，开始观察标本。跟在索非亚一样，我和李刈昆在库房工作，李雨和尼科莱在办公室讨论食肉类，而亚森则给我们提供各种服务。拉汀卡其实是专门来帮我做三趾马工作的，真感谢她特意跑一趟。几天里我把三趾马的任务完成了，当然，只是在有限时间内的安排。实际上，标本非常丰富，看是看不完的，还没有做测量。这里的好处是同一地点的化石都收集在一个博物馆里，不像希腊萨摩斯（Samos）和匹克米（Pikermi）、中国保德和榆社的材料分散在世界各地，和政的标本也保存在国内甚至国外的不同地方。阿塞诺夫格勒收藏化石的地点层位信息清楚，可以进行很好的研究工作。

最后一天我的全部时间都在对比犀牛标本。由于化石很沉重，所以有的时候没有从展柜中取出来，就在陈列厅里进行观察拍照，结果站了整整一天。犀牛的标本不算太多，远少于三趾马，现在才真切感受到为什么在欧洲称为三趾马动物群。不过还是很奇怪，个体数量不应该差这么远啊。看完后进一步觉得犀牛的分类确实比较难，如果没有头骨，只有单个的牙齿，甚至是齿列，将近一百年前林斯顿（Torsten Ringström）就说过，这很难鉴定。

中午去饭馆时在街边的停车场遇见了阿塞诺夫格勒的市长，他正在争取下一届任期，到处都是他的竞选海报。他在中学时代跟随其生物老师、博物馆创建人科瓦切夫（Dimitar Kovachev）参加过化石发掘，因此对博物馆很支持，所以尼科莱与他也非常熟悉。

结束了在阿塞诺夫格勒的工作，10 月 29 日返回索非亚之前还有一些时间，我们还能考察附近的古迹和野外化石地点，也可以到博物馆做交谈和告别，与大家合影留念。早上遇见了热闹的集市，马路上都是摆摊的，很有在中国赶集的味道。实际上，也真跟中国有关，卖的商品几乎都是中国生产的。

我们去城市旁边的阿森要塞，阿塞诺夫格勒就因其而得名。车从盘山公路开上去，到了白色大理石裸露的地方，堡垒就构筑在上面。要塞已经废弃，但还有一座拜占庭教堂巍然屹立。这个山口从罗马时代起就是控制通往爱琴海要道的咽喉，千百年来宗教和民族一直在进行争夺。

奇尔潘（Chirpan）的阿兹玛卡（Azmaka）发现了欧洲最晚古猿的一枚牙齿。我们穿过田野，来到这个地点，四周是肥沃的黑土地。尼科莱领导的发掘痕迹清晰可见，现场还有很多完整或不完整的化石暴露，继续发掘肯定会有更大的收获。中午就在奇尔潘稍作停留，很安静的小镇。接下来的时间就是在高速公路上赶路了，回到索非亚时正是交通的晚高峰，在保加利亚这些日子还一直没有遇见这样的堵车。

10 月 30 日中午的航班，所以上午有时间去逛一逛街景。自然博物馆就在市中心，附近是政府的主要办公楼。这里也是古代的城市中心，从地下通道里可以看见发掘保留的城墙。14 世纪的圣佩多卡（St. Petka）地下教堂就在这个区域，但我们去得早，还没有开门。不远处是奥斯曼时期的班亚巴什（Banya Bashi）清真寺，跟在伊斯坦布尔看见的样式相似。我们也在旁边的喷泉公园里坐了一会儿，和暖的阳光照着，有轨电车从容地驶过。

中国人对保加利亚的了解，季米特洛夫（Georgi Dimitrov）是一个重要的纽带，但东欧剧变之后他的陵墓已经被拆除，当地人似乎也不愿意提起。离得近的历史反而容易被刻意忽视，罗马时代的遗迹却都被认真地修复。

最后回到博物馆，跟大家一一告别。尼科莱非常热情，一定要送我们去机场，还是亚森驾车。机场不远，很快就到了。他们等我们一直办好所有的手续，进了安检才告别回去。整个 11 天的行程，尼科莱全程陪同，我们衷心感谢他的热情接待。

我对东北的了解和向往，最早来自70年代初期读过的描写北大荒知青生活的小说《征途》。我最感兴趣的是书中描述的东北的自然风光和动物植物：“遮天蔽日的红松林，尽管被大雪覆盖，但远远望去，依然是郁郁苍苍。朔风吹过，发出万马奔腾的松涛声。那一望无际的桦树林，好像千百株银枝玉树，俊秀挺拔地屹立在冰天雪地中”；“咱这疙瘩呀，是‘棒打獐子瓢舀鱼，雉鸡飞到饭锅里’。汽车在公路上撞死几个挡道的狍子，跟你们南方碾死条蛇一样不稀奇”。从此，我就无比渴望着什么时候能亲自踏足这片神奇的土地。

可是，一直没有机会近距离接触东北的白山黑水，只是曾在前往西伯利亚的火车上途经吉林和黑龙江，靠着车窗努力地极目眺望过。所以，当2016年初接到考察黑龙江省青冈县猛犸象化石产地的邀请时，其兴奋的心情是可以想象的。据介绍，自1958年首次在青冈县域内发现猛犸象门齿以来，陆续在各乡镇出土大量以猛犸象、披毛犀为代表的第四纪哺乳动物化石，近年来的发现尤为可观。县里对化石保护非常重视，投资150万元对闲

俯瞰东北大地

积雪覆盖在黑土地上

置文化场所进行改造，建立了“第四纪古生物化石博物馆”。

东北地区的地下埋藏着丰富的第四纪哺乳动物化石，每年夏秋季节河流涨水退却之后，崩塌的河岸常常暴露出化石来，很容易发现。最多的就是猛犸象和披毛犀化石，因为它们巨大的骨骼非常引人注目，所以东北的晚更新世哺乳动物群被命名为猛犸象-披毛犀动物群。最早将这些材料用于科学研究的是俄国人，1911 年波波娃（M. Popova）描述了在吉林扶余松花江边发现的水牛化石，1926 年托马切夫（V. Y. Tolmacheff）发表了对产自扎赉诺尔、富拉尔基的猛犸象和披毛犀化石的研究。此后，由于日本侵略者对东北的占领，一些日本人也涉足了东北第四纪哺乳动物化石的研究，其实中文的“猛犸”就是沿用日语对“mammoth”一词翻译的汉字。最重要的成果是在解放后取得的，1959 年古脊椎所出版了《东北第四纪哺乳动物化石志》，依据大量新材料，该书对猛犸象-披毛犀动物群进行了全面翔实的记述和研究。

近年来在东北地区发现的晚更新世哺乳动物化石，尤其是硕大的猛犸象骨架成为许多博物馆的重点展出标本，使观众对这些生活在冰期的动物有了更深刻的了解。猛犸象的特点是其覆盖全身的长毛，以及长而弯曲的象牙。已知最大的猛犸象肩高达到 4 米，体重达到 8 吨，有些雄性个体甚至可以达到 12 吨。不过，大多数猛犸象与亚洲象体型相当，即肩高 2.5～3 米，体重 5 吨。然而，令许多人没有想到的是，猛犸象这种在寒冷环境中生活的标志性动物，其实它的最早故乡是在炎热的非洲。

猛犸象的祖先可以追溯到发现于南非以及非洲东部，尤其是埃塞俄比亚 500 万年前上新世早期的亚平额猛犸象（*Mammuthus subplanifrons*），它演化成了北非的非洲猛犸象（*M. africanavus*），后一个种在距今 400～300 万年前消失。猛犸象的不同种在其臼齿的齿脊数量上有区别，原始类型的齿脊较少，进步类型的齿脊逐渐增加。为容纳更多的齿脊，牙齿相应变长，而头骨的演化趋势是越来越高、越来越短。非洲猛犸象的后代向北迁徙，到达欧亚大陆后最早的种是罗马尼亚猛犸象（*M. rumanus*），分布于欧洲和中国，其臼齿具有 8～10 条齿脊。至南方猛犸象（*M. meridionalis*），已多达 12～14 条齿脊，这个种在东亚于 100 万年前被具有 18～20 条齿脊的草原猛犸象（*M. trogontherii*）取代。最终，具有 26 条齿脊的真猛犸象（*M. primigenius*）在 2 万年前出现于西伯利亚。草原猛犸象的另一个后代哥伦布猛犸象（*M. columbi*）则越过白令海峡，到达了北美洲。最后的猛犸象直到

1 雪落原野静无声
2 真猛犸象骨架
3《征途》封面

全新世才在北极地区的岛上灭绝，阿拉斯加圣保罗（St. Paul）岛的种群残存到公元前 3750 年，而弗兰格尔（Wrangel）岛的个体在公元前 1650 年终于消亡了。

我们 1 月 19 日前往哈尔滨，出发前把厚衣服都加上了，厚的毛衣、厚的秋裤、厚的皮鞋，还有羽绒背心、手套、帽子，一个都不少，天气预报说哈尔滨已到零下 30℃。从飞往东北的航班上往下看，都是白雪皑皑的大地，令人不禁想起祖咏的诗："万里寒光生积雪，三边曙色动危旌"。中部的一段阳光灿烂，到黑龙江地界天阴下来，正在下雪，看着地面白茫茫一片，想象不出人们该怎样生活出行。飞机在积雪的跑道上降落，很有些担心会太滑，驾驶员控制不稳。但没事，出机场到接我们的车上，司机说在黑龙江大家都有雪地的经验，所有交通工具都一定会掌控好的。

我们在哈尔滨被安排住在北大荒宾馆，好像是最合适的地方，因为这个名字最有东北的味道。晚上我们去看冰灯，这是最具黑龙江特色的文化活动。出门前反复交代要穿上带来的所有衣服，每人发了好多袋能自动发热的"热帖"。确实，到了松花江畔的现场，零下 30℃的气温让手机相机都冻得自动关机了。冰灯具有天生的晶莹素质，现在的发光技术越来越好，让这魔幻的世界更加璀璨夺目。虽然冻得受不了，但大家还是忍不住要多待一会儿，享受这北国的魅力。返回时又去了中央大街，那是俄国人留下的"遗产"。房屋的外形我们后来学得很像，但认真的态度似乎没有被接受，所以这些百年前的建筑仍然是少见的经典，索菲亚教堂甚至成了哈尔滨的标志。

1 月 20 日 8 点出发去青冈考察，哈尔滨的早上堵得水泄不通，地面有冰雪，车都不敢开快。很久才到松花江大桥，据说冰冻的江面可以行车，但现在不让人和车上冰。通往青冈的公路还在进行扩宽的施工，对面南侧车道更颠簸，所以有车甚至冒险跑到北侧来逆向行驶。青冈与哈尔滨和大庆在地理位置上形成一个三角形，西距大庆 90 公里，南至哈尔滨 120 公里。由于路不好，我们开了 3 个小时才到青冈。天气严寒，车窗玻璃完全被呼吸的水汽凝结冰冻了，变成了闷罐车，什么也看不见，只有前窗玻璃靠加热保持透明。这又让我想起了《征途》中描述的情节，在初次前往东北的火车上，知青们"几次想打开被冰雪封冻得像半透明的汉白玉般的双层玻璃车窗，都被列车员婉言阻止了"。

到达青冈，首先参观博物馆，它在商场的楼上，只有一个展厅，但布置

1 真猛犸象复原图（陈瑜绘）
2 哥伦布猛犸象骨架
3 璀璨的冰灯

得不错。猛犸象、披毛犀、王氏水牛、东北野牛、普氏野马是当然的主角，还有一具骆驼，也有人类头骨和肢骨陈列。我在这里给大家做了冰期动物群演化的简单讲述，并向县长赠送了我写的介绍披毛犀等冰期动物群成员起源研究的《西行札达》等科普图书。

披毛犀是东北第四纪冰期哺乳动物群中与猛犸象地位相当的另一个重要代表，具有非常粗壮的骨架、厚重的皮毛和巨大的鼻角，而它的故事也有令人意想不到之处。在青冈地区大量发现的披毛犀是披毛犀家族中生存时间最晚、分布范围最广的一个种，被称为古老披毛犀（*Coelodonta antiquitatis*）。古老披毛犀实际上是最早发现的披毛犀，在 1807 年就已被命名。不过，化石记录的缺乏使披毛犀的起源和早期演化历史模糊不清。20 世纪初期，法国古生物学家德日进（P. Teilhard de Chardin）在河北泥河湾发现了一个外壁上具有披毛犀特殊褶曲的乳齿列，因而将这件标本归入披毛犀。它清楚地显示了一些原始的性状，比普通的披毛犀更小，表明披毛犀应该起源于亚洲，但由于材料太少，当时并没有建立新种。后来，尽管没有发现更多的材料，德国古生物学家卡尔克（H.-D. Kahlke）还是以这件标本为正型，结合发现于山西临猗和青海共和的材料创立了新种泥河湾披毛犀（*C. nihowanensis*）。我们于 2002 年报道了在甘肃临夏盆地第四纪最早的黄土沉积中发现的一具完整的泥河湾披毛犀头骨及其下颌骨，地质年龄为 250 万年。在临夏盆地的发现对了解披毛犀的早期演化具有重要意义，因为其特征显示披毛犀至少在上新世就应该从真犀类中分离出来。

果然，我们 2007 年在西藏喜马拉雅山西部高海拔的札达盆地发现了一个上新世哺乳动物化石组合，2011 年报道了其中已知最原始的披毛犀——西藏披毛犀（*Coelodonta thibetana*），它在系统发育上处于披毛犀谱系的最基干位置。随着冰期在 260 万年前开始显现，西藏披毛犀离开高原地带，经过早更新世约 250 万年前中国北方的泥河湾披毛犀、中更新世约 75 万年前西伯利亚和西欧的托洛戈伊披毛犀（*C. tologoijensis*），以及晚更新世欧亚大陆北部广泛分布的古老披毛犀，最终来到欧亚大陆北部的低海拔高纬度地区，与牦牛、盘羊和岩羊一起成为中、晚更新世繁盛的猛犸象-披毛犀动物群的重要成员。由此证明，随着全球气候变冷，严寒环境漫延，披毛犀的祖先从高海拔的青藏高原向高纬度的西伯利亚迁移，演化为最成功的冰期动物之一。

西藏披毛犀的体重根据头骨尺寸的估计可达 1.8 吨。哺乳动物的体型对

1 古老披毛犀骨架
2 古老披毛犀复原图（陈瑜绘）
3 普氏野马（引自 Paul Sterry）
4 野牛的“零部件”
5 化石发掘现场

决定其代谢水平至关重要，每单位体重的保温需求随着体型的增大而降低。在食草动物中，这意味着身体的绝对大小对决定动物所能承受的食物纤维/蛋白质摄入比例至关重要，越大的动物对蛋白质的要求在比例上越低，越能承受更大比例的纤维质。西藏披毛犀与泥河湾披毛犀的体型相似，但小于古老披毛犀，后者在更加寒冷的气候中达到更庞大的体重。巨大而前倾的鼻角所具有的刮雪能力可能是西藏披毛犀能够生存于青藏高原严酷冬季的最关键适应性状，这代表了披毛犀谱系独特的进化优势。如此一个简单却重大的"创新"形成于北极永久性冰盖肇始之前，为开启披毛犀在晚更新世冰期动物群中成功的繁盛之路奠定了关键的预适应基础。

参观完青冈县的第四纪化石博物馆后我们前往标本库房，场面更加令人震撼。这里就像是冰期动物群的装配车间，大量骨骼分类堆放，随时可以组合成骨架。也有比较少见的动物，如麝牛、熊、虎等，人头骨也有好几个。当然，这些材料很多都没有准确的地点，要开展研究还是一个大问题。

下午前往位于德胜乡的化石发掘现场，一路上的景色又让我想起《征途》中的描述："公路两旁，尽是些挺拔的玉树和巍峨的雪岭，就连公路也像用一尘不染的汉白玉铺成"。东北地区富含猛犸象-披毛犀动物群的晚更新世地层被命名为顾乡屯组，广泛分布于松辽平原及其周围地区，其最早的命名地点顾乡屯属于哈尔滨市。发掘现场位于平原上的一条冲沟内，省地矿局设立的一个调查项目用机械在顾乡屯组中开挖了12米深的探坑。从黑色泥炭沉积中发现不少化石，连看守工地的老乡也给我们展示了几枚普氏野马的掌蹠骨。

现生的普氏野马是一种濒于灭绝的动物，它在近代的自然分布区只限于中国新疆北部和蒙古国科布多盆地一隅。自从40年代在野外捕捉到一匹雌野马以来再未在野外发现过确实的野马踪迹，所以有的人认为野生的野马已经灭绝了，但现在各国的动物园和保护区中还养着一千多匹。不过，在晚更新世时期，普氏野马的分布却相当广泛，已经在中国北方的许多晚更新世动物群和古人类遗址中发现了野马的化石，尤其是在东北地区。晚更新世时期普氏野马的分布范围从新疆西部直到台湾海峡，这是受什么因素控制呢?

我们的研究结果显示，普氏野马是一种典型的适应干燥寒冷气候的荒漠动物，由于晚更新世东亚季风的强弱变化，导致野马在东西方向上迁徙。以往人们常常注意到哺乳动物在南北方向上的迁徙，并以此说明气候的冷暖变化，以及冰期和间冰期的交替。普氏野马在东西方向的迁徙，明确反映出东亚季风对动物群的影响，反过来也证明季风气候不仅在温度上有明显的变化，使喜冷或喜暖的动物在南北方向上移动，而且在湿度上也有巨大的影响，使干旱或湿润的动物群在东西方向上进退。

在零下35℃的野外进行考察，简直要把人冻透了，但大家仍然兴致不减。发掘现场建有一个活动板房的保护站，矗立在白雪覆盖着高粱茬的田野中间。近旁的英贤村被冠名为化石村，布置了一个陈列室展出在这里发现的化石，村委会的会议室播放着县里拍摄的猛犸象动物群宣传片。

返回哈尔滨，晚上参观了一个牙雕厂，主要用俄罗斯进口的猛犸象牙进行加工，但也有特别许可的少量非洲象牙，驼鹿的角更是堆积如山。这正是杀害野生动物的驱动力，有些人唯利是图，什么事都干得出来。驼鹿是最大的鹿，在中国仅分布在东北大、小兴安岭地区，满语称为“犴达罕”，也就是《征途》上描述的“犴”：“从柳树堂子里钻出一头怪兽，浑身毛色灰黄，头生犄角，鼻子大得出奇，面目很丑，个头比牤牛还高大”。驼鹿的体重甚至可以达到1吨，它的角也是最大的，由此引来人类的捕猎。

1月21日的上午召开讨论会，一是对地矿局的勘查项目进行验收，二是对青冈县的开发规划提供建议。我谈了不少，首先是冰期动物群的科学研究意义，然后对开发方案进行了详细评述，希望他们在投资中采取重视但谨慎的态度。当然，猛犸象的主题一定能够吸引人，但如何操作，尤其是达到推进地方经济发展的目的，他们应该更多征求旅游部门的意见。

现在人们越来越关注气候环境问题，而地质历史时期的气候环境变化在猛犸象的进化中也起了非常重要的作用。以真猛犸象为例，它们生活在开阔的草原生态环境中。北半球寒冷的干草原和苔原地带由于拥有合适的植被，是猛犸象兴旺发达的理想居所。猛犸象通过在夏季储存大量脂肪，从而在冬季度过严寒的时光，在它们生活的地区温度会下降到零下50℃的水平。充足的脂肪还能强化猛犸象的肌肉系统，使它们有能力抵抗敌害的侵袭。然而，末次冰期结束后全球的变暖趋势在1.2万年前开始，冰川退缩，海平面上升，森林取代了开阔的林地和草原，包括猛犸象在内的冰期动物可以利用的生活环境显著减少，这被认为是其灭绝的主要原因。在对东北地区广泛分布的猛犸象-披毛犀动物群的研究中，人们更加意识到，自然环境不仅对于动物，也是我们人类赖以生存的基本条件。因此，保护环境吧，这是一项刻不容缓的工作！

虽不像罗伯特·彭斯宣称的那样“我心在高原”（他所说还仅仅是海拔不到 1 000 米的苏格兰高地），但每当开始筹备青藏高原的考察计划，我都会抑止不住地激动起来。我不能说是“老西藏”，但自从 15 年前第一次踏上高原以来，至少可以说是老来西藏。

2016 年我们有多学科的队伍协同工作，所以队员不少。从前我们总是从北京开车过来，因为有很多材料和工具要运来，采集的标本和样品也要运回去。随着社会经济的发展，西藏的交通建设日新月异，现在我们全体队员都直接到拉萨，在当地租车前往野外考察，而所有采集品依靠铁路快运，很快就能安全地送达北京。

我和几位同事乘坐 7 月 14 日从北京直飞拉萨的航班，而其他一些队员，特别是第一次来西藏的，已经先期抵达，以便有一个适应过程，减小高原反应的程度。我自己的高原反应虽然并不轻松，到达的前几天总是睡不着，但现在找到解决的办法：相信医学，吃安眠药就行了，所以不必提前来耽误时间。

从北京到拉萨的航程中前面的时间里都没有什么可

依比岗麦和披毛犀地点

古格遗址

值得关注的地面景物，一方面是地形地貌不太突出，另一方面也是因为中国东部的空气能见度很差。但快到航程的最后阶段，青藏高原的雪峰扑面而来，我就立刻紧贴舷窗，这真是百看不厌的风景，当然也要用相机航拍如此独特的画面。

7 月 15 日，我们的考察队开始向西部进发，8 辆越野车 27 人组成的车队，每辆车上都贴着我们的队徽，以便于识别。从拉萨沿雅鲁藏布江河谷的道路畅通，几乎与拉日铁路并行。还记得 12 年前的 2004 年，那时这条公路中断，我们不得不绕道羊八井，翻越念青唐古拉山，在大竹卡渡过雅鲁藏布江前往日喀则。就在荒野的土路中前途迷茫地行进时，我们曾在一户人家问路，得到很大帮助，当时我拍下几张照片。大竹卡早已有了跨江大桥，因此今天在途中我想拐进去寻访那户好心的人家。

现在交通确实方便，我们还提前拐错了一座桥，走到了仁布火车站。重新跨过雅鲁藏布江到北岸，我很清楚地记得当年的场景，所以准确无误地找到了拍照片的位置，但房屋已经废弃，而在高处有新建的石头砌筑的藏式民居。请我们的藏族司机师傅前去询问，没错，就是这家人，主妇和孩子们也正在家中。我们很高兴重逢，我拿出打印的照片，女主人还记得当年为我们指路的事。她现在又添了两个孩子，而当年照片上的小兄妹现在都上中学了。看到一家人幸福的笑容，倍感欣慰。

15 日晚上我们住在拉孜。虽然县城外的油菜花海依然金黄灿烂，但每次经过这里都会发现又有巨大的变化。房屋盖得越来越多，不过却没有什么特色，与内地那些满是水泥盒子的城镇渐行渐近了。

次日继续行程，一出拉孜县城，立刻开始翻越喜马拉雅山，而昨天还主要是在雅鲁藏布江的河谷行进。中尼公路的嘉措拉山口海拔 5 248 米，是整条从上海至樟木的 318 国道上的最高点，如此的海拔对不少队员来说是第一次体验。站在这样的位置，在稀薄的空气和凛冽的寒风中大家却依然兴奋地下车来活动，最大的期望是能够看见喜马拉雅的一座座雄伟雪峰。但壮丽的风景似乎并不能轻易见到，实际上接下来在定日和岗噶两个珠穆朗玛峰的“观景台”也没能看见隐藏在云雾中的世界最高峰，随后在佩枯错畔眺望希夏邦马峰的机会同样没有显现。

过去从中尼公路分道驶向吉隆县立刻就变得车辆稀疏，而今年不同，虽然由于樟木口岸因 2015 年 4 · 25 大地震关闭后大批印度香客无法前来，但

1 冈仁波齐峰
2 俯瞰藏东南雪峰和冰川
3 奔腾的吉隆河
4 寻访指路人
5 12 年前的邂逅
6 车队进入吉隆
7 全体考察队员

1 吉隆河谷的飞瀑
2 盛开的银莲花
3 藏野驴群
4 15 年前童年的姐弟
5 英俊的小伙子

另一个结果是所有的货运车辆都蜂拥到吉隆口岸，所以原来仅有季节性香客车辆来往的吉隆公路现在货车川流不息。我们也随着大批的车辆翻越马拉山，在傍晚时分到达吉隆县城所在地宗嘎镇。

我们为什么来吉隆？我为什么第三次来吉隆？寻找化石的目标区选定具有很强的理论基础，不仅要有某个研究时代的地层存在，还必须有适合某类化石保存的沉积条件，吉隆因此被选为寻找新生代晚期哺乳动物化石的重要“靶区”。

1975 年，中国科学院青藏高原考察队中的古脊椎所队员，在吉隆沃马盆地海拔高度为 4 384 米的湖相地层中发现了晚中新世的三趾马动物群化石，其生态特征显示森林和草原动物各占有一定比例，其中如高氏羚羊（*Gazella gaudryi*）、狍后麂（*Metacervulus capreolinus*）、小齿古麟（*Palaeotragus microdon*）属于低冠、食嫩叶、通常居住在森林的动物，而鬣狗、大唇犀、鼠兔和啮齿类是草原生活的动物。吉隆三趾马动物群已与南亚的西瓦立克三趾马动物群产生了分异，表明这一时期的喜马拉雅山已对动物群的迁徙产生了显著的阻碍作用。

2001 年，我第一次来西藏参加野外考察时的团队在西北大学岳乐平教授的领导下进行了精确的古地磁定年，结果显示吉隆哺乳动物化石层为距今 700 万年前。2004 年我们回到吉隆进行地层和化石的同位素样品采集。稳定碳同位素资料证明吉隆盆地在晚中新世存在 C_4 植物，并且是生态系统的重要组成部分，指示这个地区在当时具有比现代温度更高、海拔更低的气候环境特点。根据分析，碳同位素数据推算出吉隆盆地在 700 万年前的海拔高度低于 2 900～3 400 米，最有可能是在 2 400～2 900 米。

青藏高原的研究需要综合性的力量，我们这次的考察虽然以古脊椎所为主，但也联合了中科院其他一些相关研究所，如青藏高原研究所、微生物研究所、西双版纳植物园的同行。为了对比青藏高原在地质历史时期的古高度变化，我们首先要搞清楚喜马拉雅山现代海拔的梯度效应，而吉隆河谷从海拔 5 300 多米的马拉山口速降到 1 800 米的热索口岸提供了非常好的采样条件。

吉隆河谷，即吉隆藏布所切穿的喜马拉雅山豁口，自古就是西藏连接外部世界的重要通道。公元 637 年，尼泊尔尺尊公主由此进藏嫁给松赞干布，并在吉隆镇建立了尼泊尔样式的帕巴寺；公元 658 年，大唐使节王玄策由此前往天竺并留下石刻铭文；公元 8 世纪后期，赤松德赞从印度迎请莲花生入藏时途经吉隆；公元 11 世纪，米拉日巴出生于此，并在吉隆河岸悬崖高处的查嘎寺修行；清代乾隆年间，福安康率兵到吉隆抵御廓尔喀入侵西藏。

我们沿着吉隆河岸的险峻公路向下游前进，景色从冬天气候的高山荒漠，经过春天般鸟语花香的湿润草甸，最后来到展现出此刻夏天温度的森林地带，而背景却是高耸入蔚蓝天空的皑皑雪峰，一条条白练似的瀑布飘逸在群山之间。我们在不同高度采集了各个研究方向所需要的地质和生物样品，每个人都感到极大的收获。

重新回到高处的沃马化石地点，这里不仅有中新世的哺乳动物化石，在作为盆地基底的侏罗纪海相地层中还含有丰富的菊石和箭石等头足动物化石。但我们在这里工作时却受到一位沃马村民的阻拦，他很轻松就爬到我们费了九牛二虎之力才攀上的剖面山顶，要求我们立刻下去。由于他不懂汉语，我们只好暂时结束工作回到河边，请我们的藏族司机师傅充当翻译。最后搞明白了，三趾马化石地点已成为保护区，不能随意进入，更不能“太岁头上动土”。老汉是县里聘请的看护员，我们此刻反倒非常感谢他对工作认真的态度，并向他出示了自治区国土地质部门的证明并给了他复印件，觉得问题解决了。

次日再来沃马继续采样，我自己却想先到村里去打听两个人。2001 年当我们在这里工作时，在河滩上遇见一对姐弟，当时虽然衣衫褴褛，却难掩美丽和英俊。但当我在村里拿出打印的照片，通过藏族司机的反复询问和翻译，才悲伤地了解到，姐姐在 17 岁的花季年龄乘拖拉机在吉隆河岸的崎岖道路上翻车跌落下深谷。稍感宽慰的是，弟弟已长大成人，正在当年拍照片的河滩上挖掘建筑用的沙石。我们赶到河边，见到小伙子一点不减当年的英俊，而且更加帅气。我把照片交给他，但很遗憾地获知，他必须把故去的姐姐从照片上剪掉，这是当地的习俗，往生的普通人不能再在现世留下影像。

巧合的是，当我刚爬上剖面跟其他队员一道工作时，这个小伙子也很快跟了上来。虽然我们刚刚有过愉快的交流，但他却很坚决地要我们下去。又不得不暂停工作，到河滩上通过司机翻译，原来他就是看护员的儿子，今天把证明送到县里后，刚来电话，化石保护区归文物部门管理，国土部门的证明没有用。原来如此。我们虽然是这个地点的发现和研究单位，但他们按规章办事，我们只能发自内心地赞赏他们一丝不苟的精神。当然，知道了问题的症结所在，我们也很快联系了自治区的文物主管部门。得益于现在便捷的通信手段，这次问题是彻底解决了，小伙子愉快地告诉我们可以自由地开展工作。

很快，我们顺利地进行了吉隆盆地的各项工作，将要奔向阿里地区的札达县，启动这次野外考察第二阶段的任务。离开吉隆的日子正遇上藏历的六月十五，这一天是卓林吉桑节，信徒相信在此日作何善恶都会呈百万倍放大。我们在翻越马拉山的盘山公路上看到，虽然是云雾和雨雪笼罩、能见度极低的天气，当地人还是利用各种或先进或原始的交通工具向最高处汇聚，节日的仪式是煨桑，祈祷现场一片烟火缭绕。虽然科学与宗教完全是不同的范畴，但我们也感受到这虔诚的氛围，而我们解读喜马拉雅山和青藏高原的地质历史变迁，也正是百万年级的地质时间尺度，期望我们新的考察工作能取得更大的突破。

离开吉隆前往札达，我们不走来时的中尼公路返回拉孜，虽然那是一条路面很好的路，但绕远了。我们在马拉山下直接向北到萨嘎，这是一条土路，不算难走，而路程节约了很多。给我们的奖励是在路旁看见许多自由自在活动的藏野驴，从这里起开了一个好头，前往阿里的途中总有野驴做伴。

藏野驴是高原上容易见到的最大的野生动物了，这主要得益于藏族同胞对自然生灵的爱护。藏野驴总是呈集群活动，通常 10 来只一个队伍，由一匹雄驴率领。群体的活动范围很大，在上百公里的地域内逐水草而迁移。它们生性敏感，虽然对于远处道路上来往的车辆和行人不太在意，但一旦有人太过靠近让其觉得有危险，则一溜烟飞快地跑远了。

现在已有桥梁跨过雅鲁藏布江直通萨嘎县城，而从前是靠两岸拖拉机牵引的渡船来回运送车辆过江。我们未在萨嘎过多停留，吃完午饭就继续赶路。重新回到从拉萨到阿里的主路上，自拉孜以西已属于新藏公路的 219 国道，在喜马拉雅山和冈底斯山之间的谷地，也就是沿雅鲁藏布江的上游前进。

在仲巴境内雅鲁藏布江已有单独的名字叫马泉河，发育于杰马央宗冰川，但河两岸有连绵起伏的沙丘，这一方面与干旱的环境有关，另一方面也是独特的气候系统，即风的作用造成。我们傍晚抵达帕羊镇，令人没有想到的是这里竟然有一个高等级的宾馆，孤零零地坐落于镇外的一块雅鲁藏布江边滩形成的荒漠上。这里海拔达到 4 600 米，而且四周只有稀疏的草甸，空气更加稀薄，不仅我们感到呼吸困难，连考察队中从拉萨来的藏族司机也有了高原反应，晚上睡不着觉。

第二天的路程还很长，但会经过神山圣湖，即冈仁波齐峰和玛旁雍错。虽然我们不是宗教的信徒，但壮丽的景观总是让人激动。尤其是冈仁波齐，尽管它的高度只有 6 721 米，低于冈底斯山的另一座山峰罗波峰（7 095 米），但其金字塔一样规则的雪顶让人油然而生敬意，当仁不让地成为整个这列山脉的主峰。

继续前行，经过门士到达巴尔兵站，从这里我们离开 219 国道前往札达。由巴尔到札达的公路全长 146 公里，其实两地直线距离只有 86 公里，这多出来的 60 公里就是在阿伊拉日居山的岗峦上和沟谷中盘旋。这是一条非常好的沥青路面，而且已经建成很多年了，但相当奇怪的是，至今在书店买到的最新西藏地图册上却都没有这条路，而是标着从“那不如”村进札达的非常难走的土路。

弯道似乎没完没了。正当大家被弄得精疲力竭之时，突然眼前一亮，喜马拉雅山的雪峰闪耀在南面的天空下。正中一座浑圆的最高峰尤其引人注目，那就是被藏族人民尊为神山的依比岗麦。进出札达的沿线，只要能看得见它的山口和路口，都有玛尼堆和经幡向其膜拜。可惜，这座山峰现在位于印度控制区之内，是其所谓的第三高峰、海拔 7 756 米的卡美特峰。对我们而言，更神奇的是喜马拉雅北坡之下札达盆地的新生代土状堆积，这套水平的地层构成了被命名为“札达土林国家地质公园”的主体。就在进札达的公路旁，有一个观景台让大家俯瞰土林的美景，而在观景台前方，正对依比岗麦之下，就是西藏披毛犀的正型标本被发现地点。

2006 年，古脊椎所考察队，根据前人的线索第一次进入札达盆地寻找哺乳动物化石，取得了丰硕的收获，此后几乎每年都回到这里开展进一步的工作。通过对札达盆地晚新生代哺乳动物化石的深入研究，在上新世化石组合中发现的已知最原始的披毛犀、雪豹、北极狐和盘羊等哺乳动物，证明冰期动物群的一些成员在第四纪之前已经在青藏高原上演化发展。岩羊的祖先也出现在札达盆地，在随后的冰期里扩散到亚洲北部；藏羚羊的起源可以追溯到青藏高原北部柴达木盆地晚中新世的库羊；分子生物学证据指示牦牛有一个起源于亚洲中部的祖先。冬季严寒的高海拔青藏高原成为冰期动物群的“训练基地”，使其形成对冰期气候的预适应，此后成功地扩展到欧亚大陆北部的干冷草原地带，一些后裔在全新世大暖期仍然生存于青藏高原和北极圈

1 土林地貌

2 象泉河畔的札达县城

3 通往尼提山口的道路

4 拯救三趾马

5 佩枯错的湖岸堆积

的严寒地带。适应寒冷气候的第四纪冰期动物群的起源，原来一直在上新世和早更新世的极地苔原和干冷草原上寻找。札达盆地的新发现显示，高高隆升的青藏高原上的严酷冬季在上新世已经为全北界的冰期动物群提供了寒冷性适应的早期阶段，由此推翻了“北极起源”假说，证明青藏高原才是它们最初的演化中心。

所以，今年我们再次回到札达盆地，希望发现更多的化石，探讨更广泛和深入的问题。7 月 20 日，在落日的余晖中欣赏了雪峰、土林和化石地点之后，我们的车队跨过象泉河进入了札达县城。这次来看到的最大变化就是居住条件改善了，我们以前只能在大车店一样的简易旅馆安身，洗澡必须去外面更加简陋的公共浴室，而这一次改造后的房间都带有卫生间，电热水器随时都可以洗澡。

没有休整，次日全体队员就迫不及待地去了野外，去了观景台化石地点。立刻就有发现，一具三趾马的下颌骨保留在剖面上，部分牙齿已经脱落散失，但我们终究将其搜寻回来。发掘工作马上展开，小心翼翼地一点点清理，逐渐暴露出尚在围岩保护下的骨体，最后用石膏绷带将其包裹固定，将带回北京送到实验室进行修复还原。

此后的每一天不断有好消息传来，我们在象泉河右岸、在札达沟东侧山顶、在香孜拉嘎村旁，都发现了非常好的哺乳动物、鱼类、植物等化石。但每一件标本的取得并不轻松，大自然似乎在跟我们捉迷藏，总是将化石隐蔽在极难到达的地方。我们或者要攀上陡峭的悬崖，或者要降到深邃的沟底，或者要跋涉遥远的距离。但没有一个人畏惧，尽管有一些人还在被高原反应所困扰，但谁也不愿意待在县城里想象同伴找到化石时的喜悦，必须要自己亲身体会。

说到县城，札达可以说是中国最小的县城，只有 600 名居民。但札达却是一个赫赫有名的地方，远古的象雄和晚近的古格都在流经札达的象泉河流域创造了藏民族中独特的文明。尤其是保留至今的古格王朝遗址，让人可以追忆在吐蕃灭亡之后，其王族后裔吉德尼玛衮逃到阿里，偏安于高原的一隅，并且通过修建托林寺、延请阿底峡等措施复兴了藏传佛教崇高地位的故事。可惜 1624 年西方传教士的到来引起了信仰危机，最终国王兄弟阋墙，造成古格国破城摧的悲惨结局。

今年正好是我们到札达进行考察的 10 周年，这 10 年间我们调查了札达的许许多多地点，但还有更多更隐秘的地层露头需要开展工作。

这次我们去探索了波林的新地点，这里位于札达盆地的南部边缘，有可能找到晚期的化石。不过，道路非常崎岖，我们 7 月 27 日做了第一次尝试，但突如其来的大雨令我们半途而返。不能放弃，第二天继续前往，我们在越过了松散欲坠的盘山道后终于来到札达湖相沉积的顶部位置。还想再沿更险峻的道路前往波林的喜马拉雅山口，但昨天的大雨留下的陷阱还在：贴近悬崖的土路变成了滑道。正当我们考虑如何通过之时，从深谷中上来的两辆车的司机，一位是修路工人、一位是住寺干部，告诉我们现在不能下行，因为有滑落山崖的巨大危险。同时我们也得知，原来的波林村已整体搬迁，前行百公里都没有人烟，所以这条路线的考察暂到此位置。

札达还有一个对中国古脊椎动物研究意义非凡的地点。1839 年，在印度的英国博物学家法尔康那（Hugh Falconer）写了一篇短文，记述了到印度做生意的藏族商人随身携带的作为圣物的一些哺乳动物化石。商人们越过尼提山口前往加尔各答，化石就来自山口北面的札达盆地。这是中国的脊椎动物化石第一次被作为科学材料进行研究，法尔康那由此推断，这些三趾马动物群的化石指示自上新世以来喜马拉雅山上升了 2 000 米。

但尼提山口的具体位置在哪里？后面再没有人来进行过核实。最近《中国国家地理》上甚至有人撰文说这个山口就在普兰县境内中国–尼泊尔口岸的斜尔瓦村，这显然是大错特错了。我们这次特意去了札达县达巴乡，向边防部队了解到尼提山口的准确位置，就在达巴南面 50 多公里的地方。巧合的是，就在不久前，《人民日报》还刊登了一张照片，报道 6 月 9 日，驻守在西藏喜马拉雅山脉腹地的达巴边防连，对海拔 5 120 米的尼提山口实施武装巡逻，官兵不畏高寒缺氧，踏雪而行，在边防线上度过了一个特别的端午节。

我们在札达盆地的最后一天野外考察去了多香，这是一条通向象泉河的深沟，波林村的居民现在就迁移到这里。沟内有小块的绿洲，还有古格时期延续而来的寺庙。我们在沟壁的剖面上发现了哺乳动物化石，增加了新的地点和层位。就在我们准备下午去一片非常好的露头上进一步展开搜寻的时候，一向干旱少雨的札达又再次降下大雨，浇灭了我们出野外工作的机会。但我们还会再来，重返神秘而神奇的札达盆地，我们甚至都已经计划，下次的考察第一个地点就是多香。

7 月 31 日，我们从位于西藏西端的札达出发，将要穿越整个自治区，向东到达昌都。之所以设计这样的线路，是因为我们要进行这次野外考察的第三项任务，采集不同地区和不同海拔湖泊的水样和腹足动物螺壳。螺壳的形成与水体的成分有关，而不同海拔高度的湖泊其水体具有不同的稳定氧同位素组成，由此可以建立螺壳同位素与海拔的函数关系，从而为利用腹足类化石恢复青藏高原的古高度提供依据。

其实我们的这项采样工作早已开始了，第一个样品于 7 月 16 日在佩枯错采集。佩枯错是一个咸水湖，就在我们去吉隆的路上，湖面海拔 4 594 米，希夏邦马峰的雪山融水从南面潺潺注入。资料记载，佩枯错的鱼类资源丰富，果然，一到湖边我们竟然发现漂浮着不少鱼鳔，这个现象以前还从未看到过。水样容易采集，按操作程序灌入采样瓶中就行。重要的是要找到腹足类螺壳，这是不确定的，并非所有湖泊中都有。但佩枯错没有令我们失望，经过大家的仔细搜索，终于在被波浪冲上湖岸的水草丛中发现了，它们主要是椎实螺科的萝卜螺（*Radix*）。

但并不是总有这样好的运气，7 月 19 日我们在佩枯错北面的一个小湖错戳龙就没能取样。错戳龙也是一个咸水湖，其相当高的盐度反映在远远就能看见湖岸上的白色盐类沉积。我们一开始还担心是否有腹足类动物在其中生存，最后却发现环湖一圈的宽阔滩涂让我们根本无法靠近湖水，因为一走上滩涂就陷入淤泥里，连水样都无法采集，最后只能放弃。好在近处的佩枯错与错戳龙几乎在同一海拔高度，因此可以得到今后样品测试后的数据补充。

7 月 20 日在普兰县公珠错的采样却相当顺利。当我们行车沿新藏公路前进，第一眼看见湖面出现时还担心是否又有宽阔的滩涂，然而竟然有一条便道让车可以直抵水边。公珠错湖面海拔 4 786 米，像佩枯错一样有丰富的水生生物。我们采集了螺壳，还发现这里不仅漂浮着鱼鳔，而且鱼鳔鼓胀，鳔壁已经变硬，实在是很奇怪的现象。

从公珠错西行不远很快就到了玛旁雍错，被我们列在重要的采样地点中，而它更是苯教、佛教、印度教和耆那教的神湖。玛旁雍错是中国透明度最大的淡水湖，湖面海拔 4 588 米。这里是重要的膜拜圣地和旅游景点，不能随意到湖边，必须要买门票，我们只得派一辆车前去采样。由于湖中有大量高原裂腹鱼类，所以引来众多的水鸟，尤其是棕头鸥和燕鸥。宗教传说认为水中的龙神守护着珍珠、珊瑚、九眼珠、松耳石等宝物，而我们真的在湖岸上看见有硕大的珍珠。其实，信徒们会来到湖中沐浴，时常有人取下身上的金银首饰，念念有词地抛入湖中，以示虔诚，比较轻的珍珠就被冲上岸来。

离开札达东行到萨嘎的一段在我们来时已采样，所以可以专心赶路，但并不能开得太快，因为有很多限速检查站。7 月 31 日整天都在下雨，但路两旁的牛羊全然不惧，仍在从容地吃草，牧民也喜上眉梢地跟随着畜群，因为丰富的雨水将会为这个干旱之地带来肥美的牧草。天气瞬息万变，到后来下起了冰雹，甚至变成了鹅毛大雪。当我们在夜色中抵达萨嘎县城，下车的第一件事就是赶快加衣裤，最后羽绒服都穿上了。

从萨嘎到拉孜这一段我们来时没有经过，回程时就计划到昂仁县与拉孜县交界处的浪错采样，没想到又遇上了新的情况。浪错呈翡翠绿色，是典型的高山冷水湖，这样的湖在青藏高原并不难见到，而在加拿大落基山脉的 Emerald Lake 直接就被翻译为翡翠湖。我们在湖边采样时首先发现水质非常黏稠，而后调动全体队员，但一枚螺壳也没有找到。换了几处湖岸，岩石的、沙滩的、草甸的，都没有发现任何腹足动物的踪影。实际上，对这类翡翠色湖泊的解释是冰川融水带来大量黏土矿物造成的，过高的矿化度扼杀了腹足类的生存环境。

又经过两天的行驶，我们于 8 月 2 日回到拉萨。8 月 3 日在拉萨停留一天，很重要的一件事是了解川藏公路的情况，由于今年降雨丰富，塌方造成中断已经有一段时间了。我们还要收集进一步的资料，更精确地选定拉萨以东的采样地点。

做好了充分的准备，但道路的情况依然不确定，我们 8 月 4 日离开拉萨，还在随时关注着有关川藏线的消息。川藏公路东起成都，西至拉萨，解放前仅有成都—雅安的一段，其主体部分雅安—拉萨从 1951 年开始修建，是中国筑路史上工程最艰巨的项目之一，1958 年全线通车。线路所经之地遍布高山峡谷，地质构造活跃，山体岩石疏松，极易发生塌方和泥石流，尤其是在夏天的多雨季节，今年就遇上这样的状况。记起小时候看过的连环画《川藏运输线上十英雄》，那里面惊心动魄的塌方泥石流画面至今历历在目。

不过，现在的条件早已今非昔比，从拉萨我们就直接驶上高速公路，通达墨竹工卡。而从墨竹工卡到工布江达的全线正在紧张施工，以便连接到已经完工的林芝段。这样，下次再走川藏线，从拉萨到林芝就是全程高速了。虽然施工路段车辆的通行几乎都依靠便道，但还是能够缓慢前进，没有被堵在路上不能动弹，而车窗外的景色是使人不愿意打瞌睡的动力。

在米拉山口以西，川藏公路一直上溯拉萨河延伸。拉萨河自东北向西南蜿蜒而来，最终在拉萨西边的曲水县境内汇入雅鲁藏布江。河谷内气候温和，地势平坦，土质厚实，水源充沛，自古以来就是西藏的主要粮食产区之一。翻过海拔 5 013 米的米拉山口之后，川藏线则沿尼洋河顺流而下，直到林芝。尼洋河两岸都是茂密的高山植被覆盖，其旖旎的风光，甚至可以用梁朝吴均《与朱元思书》中关于富春江的描述，一字不改，完全就是精确的刻画。

我们设计的第一个采样点是在巴松错。经过一天的颠簸，在巴河镇沿着支线公路向北，立刻就被碧绿的巴河河水吸引。两岸高山上耸立着一座座金字塔形的尖锐角峰，蓬勃向上的针叶林与向下延伸的冰舌拥抱了。当盈盈的湖水呈现在绿树青山之间，幽幽地泛着绸缎般的光泽，宁玛派古寺稳稳地矗立于传说中浮在水面的扎西岛，没有人不相信巴松错就是世上的圣湖。然而，又是翡翠绿色的湖水，难道腹足动物仍然不能生存？不幸言中了，我们没能获得预想的标本。

冒着天黑继续赶路，晚上到达林芝，费了一番功夫总算找到旅店住下。第二天我们一早就到尼洋河和雅鲁藏布江的汇流处附近考察，了解小型孤立水体的情况。然后，我们就在翻越色季拉山的路上被堵住了，这一段封闭维修改建，要过了中午才放行。终于从色季拉山口下来，经过鲁朗，这里是川藏线上的一个重要节点，聚集了大批旅客在此休息停留，尤其是一队一队的自行车“骑士”。在道路条件非常艰苦的川藏线上，每天都能看见上千人的骑行者，拼搏在他们的“朝圣之路”，路上其实还有一步一磕长头的真正佛教朝圣者。

接下来的通麦路段被称为川藏线上的“天险”，是塌方泥石流频发的地方，《十英雄》里歌颂的烈士就集体牺牲于此。2000 年 4 月 9 日发生的特大山体滑坡，最终造成易贡湖溃坝暴泄，通麦大桥及附近的公路被冲毁，交通完全中断。墨脱、波密、林芝三县 90 多个乡成为与世隔绝的孤岛，此后长期依靠简易道路和临时桥梁通行。就在今年 3 月，通麦段的四条隧道和一座大桥全部贯通，目前配套的施工还在持续进行，最终将结束“天险”的历史。

不过，绝美的风景也让我们感受到艰险旅途上的宽慰。帕隆藏布奔腾澎湃，两岸的原始森林中分布着几十种树木，其中的云杉大多都有一两百年的树龄、将近百米的高度，蔚为壮观。不断发生的塌方泥石流在山区河道上形成一系列堰塞湖，到达波密前我们就在 1953 年形成的古乡湖进行了采样工

1 玛旁雍错和远处的冈仁波齐峰

2 浪错

3 川藏运输线上十英雄（引自连环画）

1 碧绿的巴松错
2 嘎隆拉雪山
3 墨脱县城
4 密林中的瀑布
5 汹涌的雅鲁藏布江江水
6 然乌湖

作。波密县城的海拔虽然只有 2 700 米，但周围都是四五公里的高山，感觉真是气势磅礴。

8 月 6 日我们前往墨脱，因为这里可以采集到西藏海拔最低处的样品，使我们能够建立很好的高程梯度序列。最低点在雅鲁藏布江的出境处，海拔 152 米的巴昔卡，虽然由于印度的侵占我们无法到达，但背崩海拔不到 700 米的位置也相当重要。

一出 2010 年底才贯通的嘎隆拉隧道，工作人员就告知我们前方道路因滑坡无法进入墨脱县城。也看见不断返回的车辆，但我们还是决定继续前进，以便取得海拔尽量低处的样品。随着高度的降低，我们逐渐深入森林之中，从高山针叶林穿过混交林，最后完全在阔叶林的包围之中。好像是对我们信心和决心的奖励，前面的滑坡已经清理完成，我们顺利来到县城。稍事休息后，就奔赴背崩，终于来到海拔低点，而这里的雅鲁藏布江两岸简直是一派热带风光，满山的野生香蕉林。

夜里下起雨来，我们不禁担心起回程的路况。果然，早晨离开墨脱时就得知公路又中断了。但有了昨天的经验，我们还是充满希望地上路，当晚顺利到达然乌。就在然乌湖采到了非常理想的样品，但路上遭遇的飞石把我们吓出了一身冷汗。

我们的最后行程是从然乌到昌都邦达机场，从这里乘飞机“走出西藏”。这段路同样惊险，特别是穿行怒江峡谷的地段，沿途不断出现的飞石警示牌让人心惊肉跳，而从怒江桥盘旋上百个急弯爬升 1 858 米来到业拉山口，让人既震撼又激动。晚上住在海拔 4 334 米的机场，在就要离开高原之时再次感受了气喘吁吁的反应。

8 月 9 日上午，我们的航班准时登机了。在完成了将近一个月的考察任务之后，我们在艰苦而快乐的工作中又一次留下深刻的记忆。就要对西藏说再见，但心里难说再见，此刻已在计划着下一次的任务，我想我们不会等太久，应该就在下一个夏天。

和田拾零

南疆、和田、塔里木盆地、塔克拉玛干大沙漠，这几个地理名词的每一个都充满了神奇的吸引力。在短短10天的野外考察中，我们虽然不能深入细致地了解方方面面，但点滴的体会已经给我们留下了难以磨灭的印象。

2016年夏季的和田，干旱少雨多风沙的天气刚来就给了我们一个下马威，而且这威“风”到最后我们离开时更是发挥到淋漓尽致的程度。

我们5月10日乘坐从北京出发的航班，在乌鲁木齐经停半个小时。再次起飞越过天山，中午时分到达到塔克拉玛干沙漠上空。本以为空旷辽阔的塔里木盆地可以直视无碍，但极目俯瞰却完全看不清，没有云，也没有雨，是风吹起的沙尘弥漫在天地间。直到和田绿洲，模糊的能见度让绿色也失去了亮丽。飞机上能够分辨出来的只有黑色、笔直的沙漠公路，还有若隐若现、干涸的玉龙喀什河河床。

由于有时差，旅店的早餐从9点才开始。不过，为了早一点赶到工作地点，我们要求提前到8点半，店方同意了。第二天一早，我们就在先期到达的中国科学院

麻扎塔格的新近纪地层

沙海中的热瓦克佛寺遗址

地质与地球物理研究所的孙继敏研究员的带领下直接去了野外。前往野外的队伍浩荡，4 辆车 16 人。和田的面积不小，我们在城里转了好一阵才走到玉龙喀什河大桥。在加油等待时看见一辆驴车过来，赶车的老人像极了描述中去北京的库尔班，从前想象中的和田一下就变得真切起来。

寻找化石是我们此行最主要的工作。麻扎塔格是塔克拉玛干沙漠中唯一的高地，呈东西向延伸、地层结构一致的山脉。我们希望在这里找到脊椎动物，特别是哺乳动物的化石，以便判断地层时代，解读当时的生态环境特征以及气候背景条件。

从和田到麻扎塔格的路程将近 200 公里，开了两个多小时以后，到达红白山服务区。之所以叫红白山，是因为麻扎塔格的红白两套地层，白色是古近纪的海相沉积，红色是新近纪的陆相堆积。过检查站后我们就拐向西面的玉龙喀什河，在沙丘间的便道上艰难前进。这个季节河里完全没有水，宽阔的河道上间隔着插有彩旗标明方向，引导我们顺利抵达对岸的胡杨林。崎岖的道路穿过林后的草丛带，送我们到达麻扎塔格山下。很快就发现了化石，有三趾马的骨骼，还有鹿角，以及其他一些破碎的材料。我找到第一件化石就是三趾马的第一指节骨，属于一匹幼年个体。龟板是最容易发现的化石标本，希望采集回去能做出更细致的鉴定，至少能分辨出是陆龟还是水龟。

虽然早上出发时天空像是一张黄色的幕布，但还没有感受风沙吹起来。不过，到中午野餐时就觉得有点不对劲了，沙子直往嘴里钻，不但馕很硬，拌上沙子更是嚼得叽叽嘎嘎响。下午风沙越来越强，当我们快 6 点开始返回时，已发展成漫天的沙尘暴，能见度不到 30 米，前、后车都看不见对方。从野外地点好不容易终于走上沙漠公路，流动的黄沙就像潮水一样在路面上翻滚。我们一路艰难行进，正在庆幸到达和田可以躲避一下，不想沙尘暴也从北向南紧紧追赶上来，瞬间天昏地暗，“满城尽带黄金甲”了。

5 月 12 日沙尘暴不仅没有停息，反而在凌晨冲达巅峰：PM2.5 指数飙升到 3 450，PM10 更是高攀至不可思议的 7 399，简直就是在下一场黄沙雨。不过，和田这里基本没有工业的化学污染，纯粹是风的物理作用。当然，入肺和可吸入颗粒物不同于打在脸上的沙子，依然是严重影响身体健康的有害物质。这里的一景就是人人自扫门前沙，早晨满街所见都是从此项工作开始。我们这才体会到，在这里戴纱巾是多么必要，简直应该写成“沙巾”，于是我们每个人也配上了这一条必不可少的装备。

野外第二天地质所的同行完成了带我们踏勘的工作后离开，古脊椎所的团队开始了全面的化石搜寻。每天经过长途跋涉，到达工作地点已是中午时分，大家约定好返回的时间以后就分散行动。我们现场配制溶液，可以成功地取出发现时已严重风化的化石。有些化石保存在沉积物中的原始位置，比如我们在砂岩中就发现一枚保存完整的椎体化石，并由此证实青灰色砂岩是麻扎塔格地区主要的含化石层位。

接下来的几天我们继续在麻扎塔格工作。选好了不少灰色砂岩露头，一处处仔细搜索。一天我无意中在岩壁上的小孔中惊动了一只藏在里面的苍蝇，于是它飞出来，跟着我不停地绕飞，还嗡嗡地叫，整整 3 个小时。想拍它，却非常狡猾，最后也没成功。队员们找到了不少新材料，增加了羚羊和鸟类的化石，又发现了去年古脊椎所考察队找到过的乳齿象齿柱，还有犀牛的上颊齿外壁，是相当典型的犀科釉质标本。

我们沿麻扎塔格山脉继续向西，看到有大型的车辙，显然是去年石油物探队施工的痕迹。这里的砂岩已变成薄层状，并且扰动强烈，我们找到少许化石碎片。决定往西上另一条沙漠公路经墨玉返回和田，土路没有走太远就到了，路面铺设得非常好。绵延而来的麻扎塔格山产状已非常陡立，有红、黄、灰三套高角度的地层。

我们次日再来此处搜寻化石，有一条高压线翻过麻扎塔格，因此下面有施工的便道，我们就这样沿地层倾向直到山根。多数队员爬到山上去，我主要在山前的开阔地带。低洼处有盐碱很重的泥壳，下面竟然还是潮湿的，走上去很滑，在如此干旱的地方还真是奇特。经过半天时间的工作，没有太多发现，实际上，只找到一枚偶蹄类的腕骨。这是全队的唯一收获，但至少说明确实含化石，化石也确实稀少，很可能是从盆地边缘冲积到河床中的。

一般人对于和田的认识，最有名的莫过于和田玉了。《史记》上就记载：“汉使穷河源，河源出于阗，其山多玉石”。玉因在古代的产量稀少，所以常常被赋予崇高而神秘的地位。不过最近这些年来，随着玉石开采的日渐繁盛，无论大城小镇、商场集市，玉石制品随处可见，已经“飞入寻常百姓家”，但和田玉的地位似乎很难撼动。其实在矿物学上，和田玉是一种软玉，其透闪石成分占 98% 以上。由于这个原因，现今和田玉的名称在国家标准中不具备产地意义，即无论产于新疆、四川、青海、辽宁、贵州或俄罗斯、加拿大、韩国，其主要成分为透闪石即可称为和田玉。

虽然也用北京时间，但和田在东六时区，与北京有 2 个小时的实际时差。来和田的第一天快到下午 7 点，我们以为接近傍晚，其实太阳还高高挂在天上。于是我们利用这点时间去了玉龙喀什河，看见河床完全暴露，没有多少水，上游为灌溉已经把雪山融水拦截了。因为和田玉的“籽料”，即在河中天然形成的卵石形玉料被奉为最贵重的珍品，所以玉龙喀什河的河床已经被反复翻动过多少遍，一片狼藉，但依然有不少人在河滩上徘徊。河旁是清一色的和田玉商店，几乎都是河南人，尤其是镇平人开的，当地人则在路边兜售“籽料”。其实，这些玉石有多少产自本地，有多少来自俄罗斯等其他地方，大家稍微想一想就会有自己的判断。

除了现在的河床，玉龙喀什河的地质时期堆积也是玉石开采的重要场所。在我们每天前往野外工作地点的路上，越过玉龙喀什河 3 号大桥，就可以看见几十台履带式挖掘机在轰鸣，后面跟着大群的人进行分拣。由于河床里不容许大型机械开采，因此不少人承包了老的河床堆积进行工业化的玉石“生产”。

为了了解河流砾石的岩性组分，我们也安排了时间去玉龙喀什河考察。玉龙喀什河在和田的城区地段两岸都围上了铁栅栏，但仍然有不少民众翻越围栏下河捡石头。我们再向下游走，到没有栅栏的河岸，河中有推土机等工程机械在进行整治河道的施工。我们刚走下去，马上就有执勤人员制止，但告诉我们可以到十几公里以外的地方下河。我们没走这么远，已经看见河里有不少人骑着摩托、扛着铁锹，都是当地人，于是我们也下去了。

河里只有一道不宽的流水，踩着石头可以跳过去。我们就在磨圆很好的卵石堆里观察，主要识别各种砾石的成分，并没有想到真会找到和田玉。但有当地人紧跟我们要兜售和田玉，一看就是人工打磨的玉块冒充卵石籽料。我们一个小时后正准备离开，执勤的警车来驱散河中的人，正好没有耽误我们的计划。我们不仅了解了玉龙喀什河砾石的组成情况，每个人也都顺便捡了不少好看的卵石。

麻扎塔格邻近和田河，在汉唐时是扼守塔里木盆地南北的交通要道，现在山脉东端的悬崖绝壁上远远就能看见有一座古堡遗址，这就是古代的戍堡，近旁还有一座烽燧。20 世纪初，英国人斯坦因曾两度自和田出发往北到阿克苏，途中探险考察，先后在此劫走大量历史遗物。这里现在正为山顶的戍堡遗址修建保护设施，我们在玉龙喀什河的过河处，看见卡车拉着大量建筑材

1 绵延的沙丘
2 麻扎塔格西端的地层
3 干涸的玉龙喀什河和河畔的胡杨林
4 沙尘中的和田绿洲
5 发现三趾马脚骨化石
6 全体考察队员在漫漫黄沙中合影
7 野外发掘处理化石

料也要过河，却陷到沙丘里。

我们在观察地层的过程中曾登上麻扎塔格山顶，半山腰有一个像玛尼堆的祭坛，挂满了全羊的毛皮，难道是“代罪的羔羊”？木质步道建设的施工看起来需要巨大的投入，麻扎塔格的保护虽然非常重要，但大兴土木实在是本末倒置了。这里几乎不通车辆，我们前来都是沿临时便道在沙漠中艰难地前进，花巨款建的旅游设施，怎样才能吸引游客来?

山顶的戍堡完全是废墟，看起来稍好的部分都是最近修补的。戍堡曾是于阗扼守玉龙喀什河的要塞，但后来被吐蕃占领。斯坦因在这里发掘的大批文物中包括汉文、藏文、于阗文文书和木简，印证着汉唐时期戍堡的历史作用和地位。

和田历史悠久，在汉代是西域三十六国之一，一直都称作于阗，只是到1959年才改称和田。由于独特的地理位置，和田成为新疆古代文明的发祥地之一，但随着岁月的流逝和环境的演变，许多古代遗址逐渐被流沙埋没。在中国积贫积弱的20世纪早期，大量外国的“探险家”蜂拥而至，致使和田境内几乎所有的古遗址都受到破坏，大批的精美文物流失海外。

我们工作之余参观的热瓦克佛寺遗址就曾遭到反复的破坏，只余下以佛塔为中心的寺院建筑残迹静静地矗立在漫漫黄沙之中。热瓦克佛寺遗址的形制和精美塑像在新疆古代佛寺遗址中独树一帜，并与犍陀罗艺术有较为密切的关系，某些塑像还具有秣菟罗艺术风格。20世纪初首先是斯坦因在热瓦克进行发掘，获得一批珍贵文物，后来的德国人把余下的重要材料几乎洗劫一空。塔院废墟无声地述说着千年的桑田沙漠和文化更替，我们前来时看见正在建一个博物馆，是否能将斯坦因们取走的佛像和壁画复制展出?

要想了解古代和田的整体概貌，博物馆是一个不错的选择。我们抽时间去参观，得益于国家的政策，现在博物馆都是免费开放。博物馆不大，最有名的应该是尼雅墓地以佛教为主题的丝织品和木雕，不过大多数重要文物都是图片，原件并不收藏在这里。我们还没有看完，正好到中午1点半，工作人员说要闭馆半小时，2点再开，大概是他们的午饭时间吧。交换一、两个人值班不就行了？真是奇怪，我们只好走了。门口还可以多看一会，那到底是巨大的胡杨木棺还是木船？让大家又绕着转了几圈。

我们工作的每一天都在跟沙漠打交道，一出和田立刻就会驶上沙漠公路。开始的一段两边还有一些天然的红柳和胡杨，路两旁是经典的治沙草方格，

1 山顶的烽火台
2 坚强的胡杨
3 在沙海中艰难前进
4 在玉龙喀什河的砾石滩上考察
5 古堡前的祭坛
6 笔直的沙漠公路

渐渐地就深入到更加荒凉的沙漠腹地。不时有指示牌写着“动物通道”和“动物饮水处”，但并没有见到过什么动物。

有时很奇怪，和田城里还是沉重的浮尘，但反而向沙漠里走空气的透明度却在提高，偶尔会有云层空隙间露出一点蓝天。其实这是风从北面的沙漠刮过来，我们逆风而进，抄了风的后路。一路向北，风沙就渐渐平息，我们还可以在途中下来休息，在沙漠中欣赏独特的风景，看胡杨倔犟的生命奇观，学生们在沙上高兴得蹦跳拍照。

我们从麻扎塔格西端返回和田时，还走了一条专门为油田修建的沙漠公路。公路上有关卡，但栏杆放下，却无人值班。最后发现关卡边上的监控探头下留有电话，打通后遥控开启了栏杆。向南到墨玉一百多公里的路上只看见一辆油田的油罐车，公路两旁有天然气管道，投入成本够高的。沙漠边缘的墨玉由于有喀拉喀什河的滋润，绿洲兴旺发达，甚至还有大片水稻田。

再去麻扎塔格西端，司机以及去年来过的队员觉得前一天的路有点远。按以往的经验，还是先走和田–阿拉尔沙漠公路，在玉北 1 井转入向西的土路，再到油田专用公路。不过，没想到玉北采油区这条路是从东北偏向西南，所以有 42 公里长，多走了不少路。更要命的是路面很差，最后一段几乎被风沙掩埋了，似乎许久都没有人走。确实，这个采油区的开发阶段可能已到后期，很多油井几乎已废弃，所以没有了往日的繁忙。走着走着，一位师傅觉得实在难走，单独一车要绕道而行，结果走到死胡同，又掉头回来，耽误了一个多小时。快接近麻扎塔格山前时，又到了油田公路的关卡。这次打电话后，却说要请示领导，结果是不让过，就像小区的门禁，让出不让进。其实挺滑稽，因为栏杆旁的空间越野车可以轻松通过，我们自然就自己过去了。

整个野外考察期间都没有看到过清澄的蓝天，而我们本以为这会是新疆的标准配置。最后一个工作日的前一天晚上，古脊椎所在塔里木北缘工作的同事发来消息说，图木舒克正遭遇场面震撼的沙尘暴。经过一夜时间，5 月 17 日暴风携带沙尘已经穿越整个盆地扑向和田，空气指数又爆表了，天空黑暗，飞沙走石。我们依然冒着风沙前进，比第一天野外的沙尘暴还要猛烈，不仅黄沙在公路上奔涌，而且对面来车时沙子像流水一样从车窗前漫过，危险地完全失明几秒钟。

到达我们每天要通过的沙漠腹地检查站，车辆排起了长龙。为了控制车流，以免在恶劣的天气条件下发生事故，每隔 10 分钟才放行一辆车。我们要赶着去工作，等了一阵后，觉得太耽误时间了，于是我去跟检查站的人交涉：我们过检查站后立刻就离开公路转往野外点，因此不存在加密车流的问题。警察也听明白了，但觉得排着长队让我们先走怕引起其他司机不满，让我们从沙漠里开车绕过检查站。但沙漠里实在太危险，司机们都担心会陷入沙坑而误车。再跟警察商量，感谢他们通情达理，最后同意先放行我们。

在跨越玉龙喀什河宽阔的干河床时，完全看不见平时用作辨识方向的警戒旗帜，只能摸索着前进。终于到达工作地点，在沙尘的滚滚洪流中，考察队员们全身包裹严实分头行动。找到合适的地层露头，但眼睛睁一会儿就得闭上，否则沙子会无法排出眼睑。在疯狂的沙尘暴中，午餐完全不能在外面解决，我们只好到玉龙喀什河岸的胡杨林看护站求助。虽然只有一座孤零零的房子，正在附近古代戍堡遗址进行保护施工的人员也全部集中到这里避风，终于可以平静地吃完午餐。

在我们结束考察工作返回北京时，已经穿越了整个塔克拉玛干沙漠，在傍晚时分到达阿拉尔，一个沙漠边缘的农垦城市。这里的地名都叫某团某连，耕地整齐划一，水渠纵横通达，让我们感受到了人类克服大自然的恶劣条件、争取美好生活的巨大努力。

邛多江盆地

第四纪湖相沉积

2018年国庆节第一天，距上次离开西藏23天，距泛第三极专项启动仅一天，但我们的考察队已经出发10天了。他们在藏北高海拔环境的野外调查中获得了令人惊喜的发现，我岂能张望太久?

中国科学院的A类战略性先导科技专项“泛第三极环境变化与绿色丝绸之路建设”将对以青藏高原为核心的泛第三极地区生态环境保护与经济社会健康、绿色、可持续发展提供重要科学支撑，该专项是科学院面向国家“一带一路”建设重大战略，同时也是落实习近平总书记2017年8月19日致中国科学院第二次青藏高原综合科学考察研究队贺信精神而部署设立的。而自去年第二次青藏科考启动以来，我们的课题组已经在青藏高原展开了多次卓有成效的新生代地层古生物科学考察，采集到丰富的化石标本。就在10天前，由古脊椎所的吴飞翔和西双版纳热带植物园的苏涛两位博士率领的考察队深入藏北高原，发现了数量可观的动、植物化石材料。他们认为，在未来数年内，这里或将成为青藏高原古生物科考又一重要的化石发掘和研究地点。

回到山南

趁着国庆长假，我迫不及待地赶往西藏，将与考察队在拉萨汇合，共同前往山南。为什么是山南？这还得追溯回 2012 年 7 月 27 日，当天我们从错那县返回，我在日记上写道：“行进到隆子县北部时发现一个小盆地，观察到比较厚的新生代地层，是水平状态的砂泥沉积，看上去像是有化石的样子，只是今天没有时间了，留待以后来工作吧”。

这一次，我们仔细研读了 2014 年出版的最新隆子县幅地质图及其说明书，以及关于这个地区的一系列论文。在隆子幅地质图北部存在一个第四纪的沉积盆地，由湖相沉积和冰水沉积构成。该盆地在过去的文献中称为邛多江，但现在的地质图上名为邱多江，而其说明书中还是邛多江，有些混乱。不过，现在的行政区划上确实叫邱多江乡，显然是因为在音译藏语地名时，“邛”比“邱”生僻，所以改掉了。由于邛多江使用较早，同时也为了与专业文献一致，我们还是称其为邛多江。邛多江并不是一条江，“江”字也是地名音译的一部分。实际上，流经邛多江盆地的河流称为麻热曲，但在地质图上写作马如曲。此前在邛多江盆地的化石记录只有孢粉和介形虫，我们希望在这里找到脊椎动物，特别是哺乳动物和鱼类的化石，也希望能发现植物化石。一方面哺乳动物化石能更准确地判断盆地沉积物的年龄，另一方面在有冰水沉积物所代表的高寒环境中，陆地生态系统内脊椎动物的特征是否与其一致也是重要的问题。

现在的交通已经非常便捷，每天都有从北京直飞拉萨的航班。过去，无论是否经停成都，航线都要沿成都至拉萨的方向飞行，沿途可以清晰地看见贡嘎山和南迦巴瓦峰。现在则是从银川—西宁方向前往拉萨，途中穿越念青唐古拉山，那一座座雪峰同样精彩纷呈，但我很难识别出具体的峰名。从空中俯瞰，熠熠生辉的冰雪世界仿佛将日光都冻住了，神仙所居的姑射山是否就是这里呢？

心仪世界巅，兴起上高原。
寒气凝绵雾，啸声破浩天。
念青冰冻日，姑射雪藏仙。
一夏消融季，清流泻万千。

快要到达前的一段航程非常颠簸，逆向风速将近 100 公里，但在晚上 7

1 念青唐古拉山雪峰
2 雅鲁藏布江沙洲上的杨树
3 考察队在藏北合影

点半航班仍然准时降落拉萨贡嘎机场。降落前在夕阳的余晖中看见雅鲁藏布江的江水比一个月前消退了很多，水色也由浑黄变得清澈。那些曾被淹没在水中的杨树现在都位于露出水面的沙洲上，树色依然金黄，但叶子掉了不少。飞翔和夏加师傅开车来接我，最近这些年每次来西藏考察，夏加都给我们组织好车队，已经成为考察队重要的一员。

住进旅店，虽然时间已晚，但还不能放松，要为明天即将开始的野外考察做最后的准备。还真的很及时，发现了一个后勤安排上的错误。我一直认为既然邛多江盆地在隆子县幅地质图的北部，所以我们白天的考察结束后将住在隆子县，已经预定好了旅店。此刻才知道，邛多江乡属于曲松县，离北面的县城只有 40 公里，而邛多江到南面的隆子县城距离超过 100 公里。赶紧调整，多亏夏加人员熟、信息多，问题很快解决了。

虽然来到高原的第一个晚上照例睡不好，但现在已经习惯在旅途中逐渐克服高原反应，所以第二天我们就直接出发去山南。飞翔他们早已在藏北的稀薄空气中工作了 10 天，此刻正是生龙活虎的状态，根本不在话下。

这次发现交通状况又有了极大的改善，从贡嘎至泽当的高速公路已经开通，拉萨至山南首府的行程缩短到一个半小时。一穿过嘎拉山隧道，立刻向东转，沿雅鲁藏布江北岸一路奔驰。雅鲁藏布江是中国海拔最高的大河，简称雅江，它的水量仅次于长江，其在古藏文中的名字有“高山之水”的意思。雅鲁藏布江由西向东横贯青藏高原，直到南迦巴瓦才突然转向南流，最后经布拉马普特拉河注入孟加拉湾。在雅江中游地带，支流众多，河谷开阔，气候温和，是西藏农业最发达的地区。从贡嘎至泽当这一段的河流在开阔的谷地中呈宽窄交替的串珠状，只见波光粼粼的江面和杨柳丛生的沙洲相间，构成特有的辫状水系。

雅鲁秋光老白杨，层林尽染照金黄。
江声肃肃摇风马，远近人家沐暖阳。

从跨越雅江的新桥由北岸到达南岸的泽当，一座现代化的高原城市。泽当这个地方很有意思，另外两个名字也是指它，即山南和乃东。山南很好理解，因为这里是原来的山南地区首府和现在的山南市行政中心。过去山南地区的政府所在地就在乃东县，而县城所在地称为泽当镇。撤区建市后，乃东

1 雅砻河谷的收获季节

2 秋天金黄的藏橐吾

1 奔腾的冰山融水
2 雪霰和冰雹来袭
3 落日照大旗
4 捕捉高原鳅和倭蛙
5 哺乳动物化石露出线索

县改叫乃东区，所以，现在这个城市的所在地是山南市乃东区泽当镇。

我们未在泽当停留，穿城而过沿雅砻河谷向隆子县方向进发。作为雅鲁藏布江支流的雅砻河流域被认为是藏族的发源地，聂赤赞普在这里开启了藏族繁荣的历史。聂赤赞普出生在西藏波密，因相貌古怪、性格刚烈，被家庭放逐。公元前 237 年，当他游历到雅砻河谷时，结识了 12 名代表当地各部落利益的雍仲本教徒，并被推举为王。传说这 12 人见到他，发现其骨骼清奇，就问他打哪儿来？由于言语不通，聂赤用手指指天，于是众人就以为他是从天上踏着梯子下来的，是“天神之子”，便把他扛在肩上抬下山来，他由此得名。在藏语中，“聂”是“脖”的意思，“赤”是宝座，“赞普”是“英武之主”。雅砻河谷优越的自然条件保证了足够的生产力，可以支持一个民族的发展。沿线有许多寺庙，包括西藏的第一座寺庙桑耶寺和第一座宫殿雍布拉康。直到今天雅砻河谷仍然是典型的农区，是西藏的粮仓。

从泽当向南的道路逐渐升高，植被由河谷的树林向山地的草甸转变。从车上看出去，草甸上都有一丛丛明亮的黄色，比秋日缤纷的菊花还要灿烂。我开始还奇怪是什么植物在严冬就要来临之时还能绽放如此艳丽的花朵，下车来看个究竟才发现是橐吾金黄色的叶片。藏橐吾（*Ligularia rumicifolia*）实在是一种极不平凡的草，在青藏高原 4 000～5 000 米海拔严寒干旱的冰缘地带，只有它能长出硕大的叶片，植株最高可达 1 米。

我们在一座寺庙附设的饭馆午餐，这是到邛多江前唯一能吃到饭的地方。饭馆虽然老旧简陋，但建筑的装饰还是秉承了传统风格，每根梁柱上都有雕刻和彩绘。食物的选择余地非常小，只有面条、饺子和咖喱饭。我要了咖喱饭，但由于海拔高导致水温沸点低的原因，米饭是夹生的。不过，问问要了面条和饺子的人才发现，我这算是最佳选择了。

虽然饭馆不多，但饮水点遍布，因为路旁的溪流中奔腾跳跃的都是来自高海拔的雪山冰川融水，灌装后就是城里卖到 40 元一瓶的高山冰泉，其实你还不能确定那就是装的自来水。还路过一眼“神泉”，石碑上刻着专治胃病。我们的一位司机师傅迫不及待地喝下一大缸，谁知却立刻哇哇大吐起来。再仔细看碑上的文字，说明由于“药力”太猛，每次只能喝一、两小勺。实际上，泉水中含有硫化物，氧化后在泉边形成厚厚的黑色沉积物。

当通过海拔 5 025 米的亚堆扎拉山口，南望山下就是邛多江盆地。邛多江盆地的西侧耸立着海拔 6 647 米的也拉香波倾日雪峰，周缘主峰海拔在

6 000 米以上，向南侧逐渐降低至 5 500 米左右，北侧降低至约 5 600 米。

我们早已仔细研究过地质图，还有 2012 年的初步观察，所以很快就确定了当天下午的工作剖面。这套第四纪沉积没有命名岩石地层单位，直接用更新统和全新统表示。下更新统为河湖相堆积，包括亚黏土至黏土、粉砂至粗砂、细砾至中砾；中更新统为冰川堆积物，包括冰川和冰水泥砾、漂砾、砾石、砂土混杂堆积。我们将工作重点集中在下更新统中，对具薄层理的灰黑色亚黏土和具斜层理的锈黄色细砂层进行了仔细观察。

正当我们逐个露头开展调查的时候，原本晴朗蔚蓝的天空渐渐云层聚集，盆地周边的雪峰被遮挡不见了。我们想也许还不至于影响工作，但到下午 5 点钟，一阵雪霰夹带着冰雹突然袭来，打在脸上生疼。我们赶紧撤离，好在越野车就在不远处，终于逃过一劫。

我们是乘飞翔带队的两辆车先到邛多江盆地，而苏涛带队的一辆车从泽当先向东到桑日县，然后转向南经曲松至邛多江，沿途进行现代土壤孢粉样品的采集。结束第一天的工作后，我们从邛多江向北往曲松县疾驰，在一片高山草甸地带中间的公路上与向南而行的苏涛小组会合了。这是在喜马拉雅山的腹地，可以说是世界上最遥远的一个角落，乘着夕阳的余晖和狂烈的晚风，我们拍了全队的合影，颇有些“落日照大旗，马鸣风萧萧”的情景。

傍晚我们到达曲松县城，是在一条河谷的狭窄地带，南北两侧是高陡的悬崖，由河流切割砾石层形成，看起来还比较稳定，不易形成塌方。曲松县城的海拔为 3 900 米，虽然不算太高，但我来西藏刚刚第二天，所以晚上还是没睡好，一直是半梦半醒的状态。不过，天亮一起床，精神状态立刻就恢复正常了。选择住在曲松是正确的，再去邛多江就很方便，40 公里虽然是上升 600 米的盘山路，但时间也不会耗费太多。

在邛多江北部地区，河流深切盆地基底，切割深度达 200～300 米，形成峡谷地貌。而在邛多江乡政府所在地以南，平缓台地上发育厚数十米至上百米不等的河湖相地层，它们代表了该盆地早期沉积的记录；在此套河湖相地层之上不整合覆盖了中更新世以来的冰水—冰碛砾石层。经过我们的观察，虽然在邛多江盆地的各处都有第四纪沉积的露头，但麻热曲西岸的剖面最好，厚度达 80 米。河流的切割形成陡崖，地层为水平状态，崖壁上有一些人工开凿的洞窟，与札达的僧人修行洞很类似。

我们也观察现代的生物，特别是脊椎动物。飞翔小组在溪流中除了采集到高原鳅，还发现有倭蛙和蝌蚪。倭蛙成体很小，蝌蚪却很大，而且在冰冻即将开始的时候蝌蚪还未完成变态，它们怎么越冬呢？回去要请教两栖类专家。这里还有为吸引猛禽筑巢而建的人工“鹰架”，是在高大的铁制十字架上固定有竹篮，猛禽入住后，可以控制方圆几公里内的鼠害。这里的鼠害主要是由鼠兔造成的，其实鼠兔属于兔形目，不是鼠类所属的啮齿目。

当然，我们此行最重要的目的是寻找脊椎动物化石。在西藏自治区伦坡拉盆地和青海省昆仑山口盆地的岩性相似的沉积物中，鱼类化石都非常丰富，尤其是椎体化石，经剥蚀暴露后常常密布岩层表面。不过，我们反复搜索，未在邛多江盆地发现任何鱼类化石。

但欣慰的时刻终于来临，在一处砂层和砾石层的过渡位置，第一件哺乳动物化石，一枚中等体型动物的肢骨露出一小部分。于是，按照化石发掘的程式，我立刻进行 GPS 定位、岩层描述、标本照相等工作后，再将其完整地取出，加固并包裹。化石将带回研究所进行下一步的修复后，开展详细的研究工作。

邛多江盆地根据过去所进行的孢粉化石分析，认为早更新世的海拔可能在 2 400～2 800 米，而现今盆地中部的海拔为 4 400 米，因此该地区第四纪以来上升了 1 600～2 000 米。苏涛小组这次也采集了孢粉样品，将进行新的分析工作，以便与过去的结果和解释相对比。

西藏南部最显著的第四纪活动构造由众多近于平行分布的近南北向裂谷带或正断层组成，由于它们的活动时代和成因涉及青藏高原隆升机制的问题，因此相关研究非常重要。邛多江盆地处于错那—沃卡裂谷带中，对其进行深入的工作有重要的意义。此次我们对地层有了深入的了解，并且已经发现哺乳动物化石，这是一个良好的开端。虽然考察队员们没能在国庆节期间充分地享受假日的放松，但工作成效带来的愉悦心情就是最好的补偿。

沧桑的石头城

冰山上的来水

在北京最闷热的时节逃离时，已经在想象着帕米尔的冰凉世界了。2018 年 8 月 1 日早上天刚亮就出发前往机场，因为是 7 点 40 分的航班。太阳正从机场方向升起，甫一跃出城市天际线就是一轮燃烧的火球，让人立刻感到它的炙热。今年夏天全国、甚至全球的天气都很怪异，不是暴雨就是高温。

我们乘坐的航班是从北京到乌鲁木齐，再转到喀什，中间只有一个多小时的转机时间。不过，由于是同一个航空公司的联程航班，我们并不太担心时间不够。确实，到机场就发现航空公司考虑得很周到，首先是行李直接到终点站喀什；其次，工作人员替我们着想，将单人超重的行李与提前已办完手续的队员的行李重量合并计算，解决了大家的困难。

飞机在首都机场只晚了半个小时起飞，这已经相当难得了，何况到乌鲁木齐的航程很远，中间能追回来。经过长时间的飞行，快要降落时，天山在南面已经看得非常清晰，夏季的雪峰依然熠熠生辉。不过，就在今天早晨登机前，看到了一条令人悲伤的消息：一支 5 人组成的西南石油大学野外实习小组，一位导师带领4名研究生，在天山南坡的阿克苏市温宿县遭遇山洪袭击，导师和3名学生遇难，另一人受伤。我曾经在这所大学工作过，虽然与导师和学生们并不相识，但深深震惊和哀痛！而就在前一天，古脊椎所的汪筱林研究员团队在哈密也受到特大暴雨的袭击，幸好有惊无险。这强烈地提醒我们，在越来越频繁的极端天气情况下，野外考察不仅要做好充分的准备，比如每天出发前查看精确到小时的天气预报，还要在路途行进和到达工作现场后随时注意观察地形地貌和突发状况。

我们正点到达乌鲁木齐，可以很从容地转往前去喀什的航班。这一段航程从天山上空飞越，也许真的是天气有些异常，与我上一次在相同季节同一航程中的印象相比，似乎山顶的积雪面积更小，雪线位置更高。不过，雪山融化更多，是否山下的绿洲会更绿呢？这点我不能判断，因为在喀什降落前，还是更深刻地感受到沙漠与良田犬牙交错的拉锯前线。虽然有叶尔羌河和克孜勒河千百万年来不懈的冲积，无奈季风西风环流和青藏高原隆起的双重作用，干旱成了气候，时刻抑制着绿洲的生长。

刚出喀什机场，一股热浪扑面而来，比北京更甚，但没有桑拿天的感觉，因为这座塔里木盆地边缘的城市是异常干燥的。不只是天气，喀什人民好客的热情一样高涨，因为我们看见了载歌载舞的欢迎场面。虽然不是针对我们，而是为了迎接一个来对口支援的代表团，但也让我们欣赏到了美轮美奂的歌舞。我觉得很有意思，同样是在广场上，甚至是同样的服装、同样的音乐、同样的动作，你会毫不犹豫地感受到这是歌舞而不是广播操。

跟我们长期合作的当地的司机师傅已开着车来接我们了，尤其是领头的小宋，大家再次见面，感到非常亲切。我们这次的古生物考察队由古脊椎所的9名队员和西双版纳热带植物园的5名队员组成，古脊椎所的吴飞翔博士是野外队长，他近年来多次组织实施青藏高原和周边地区的科学考察，具有非常丰富的经验。周浙昆研究员和苏涛博士带领的版纳园古植物研究团队跟我们合作密切，将古植物研究与古脊椎动物化石紧密结合，为青藏高原探索提供了更多关键的证据。从昆明过来的航班稍晚，所以版纳园团队要在晚上9点钟才到。不过，与北京之间两个小时的时差，9点钟不算晚，太阳还没有落山呢。实际上，吃过晚饭后，大家还一道在喀什夜里的街道走一走，第一次来的队员更是兴奋于南疆浓郁的维吾尔族风情。

第二天我们需要做好准备工作，采购野外考察的一些材料，比如用于在

1 机翼下的天山
2 俯瞰喀什老城
3 载歌载舞的欢迎仪式
4 喀什的街景

1 奥依塔克的古近纪砂砾岩
2 倒映在喀拉库勒湖面的慕士塔格峰
3 即将进入塔什库尔干
4 我们的队徽
5 帕米尔高原前的合影

发掘中固定化石标本的石膏绷带。将要前往的塔什库尔干县是边境地区，而我们在北京和昆明所办的边境证只到地区一级，所以还需要在这里补办落实到乡一级的边境证。不过，现在各级行政事项的办理都非常方便，喀什的各种行政手续办理全部汇集在一个中心，我们没花多长时间就办妥了。

忙碌在喀什的街头，也能顺便了解这座西域城市厚重的历史和独特的风貌。喀什是维吾尔语“喀什噶尔”的简称，据说其语源由突厥语、阿拉伯语、波斯语等融合演变而成，其本身的含义已经语焉不详了。喀什在汉代时为疏勒，公元前 119 年的汉武帝元狩四年，张骞奉旨通西域时进驻疏勒，自此开始由汉朝所控制。当然，由于本地的房屋都是土木或砖木建筑，并不能传承太长时间，所以历代的陈迹早已经湮没在一次又一次的重建之中。不过，现在日新月异的高楼大厦主要围绕在老城区的周边，那些可以追溯上百年历史的纵横交错的街巷和灵活多变的布局，还能在迷宫一般的老城中见到。

令人激动的出发时刻在 8 月 3 日清晨到来，5 辆越野车都贴上了我们考察队的队徽，这是在 2017 年启动青藏高原第二次综合科学考察研究后古生物考察队专门设计的，包含了雪峰背景前的哺乳动物、鱼类和植物化石。天气晴朗，晨风送爽，前往中国最西端塔什库尔干的 314 国道已完成升级改造，而我们将要途经“冰川之父”慕士塔格峰，激动的心情可想而知。于是，禁不住写下：

猎猎旌旗晓有风，朝离疏勒艳阳中。
轻车快路驰西极，近看慕士塔格峰。

一路向南，道路两旁不时闪现郁郁葱葱的果园，除了葡萄西瓜，甚至还有成片的樱桃，只是已过了采摘的季节。不过，作为防风带的沙枣非常茂密，快要成熟的果实沉甸甸地压满枝头，来往的人们都视而不见。当昆仑山的雪峰出现在南面的天边，我们在这里拍摄了全队 19 人的合影，并且校验放飞了我们的无人机。

冰峰皑皑接苍穹，周穆瑶池不再逢。
我辈欲思千载问，细寻鲧禹变鱼虫。

这有一点戏谑，因为我当然不相信有所谓的西王母住在昆仑山的瑶池，自然也没有穆天子的西巡相会。我们要前往帕米尔高原寻找化石，解答真实的自然奥秘，其中包括鱼类和昆虫的化石，于是想起鲁迅先生在《理水》中提到帕米尔高原，他还调皮地写道："'禹'是一条虫，虫虫会治水的吗？我看鲧也没有的，'鲧'是一条鱼。"

我们循着与盖孜河相反的方向，在它的出山口进入昆仑山，眼前随即变换了乐章的风格，从盆地里的开阔舒缓转向澎湃激烈。一座座山峰不仅高耸入云，还用不同的缤纷色彩装扮着，特别是奥依塔克的古近纪砂砾岩，简直就是一片火焰山。随着道路的延伸，那些金字塔尖顶一般的角峰扑面而来。一座完美对称的雪峰在旗云的一侧遮掩下若隐若现，我们知道那是海拔 7 649 米的公格尔峰。最精彩的华章接踵而至，我们完全没想到在万里无云的洁净蓝天背景映衬下，倒映在喀拉库勒湖面的慕士塔格峰展现的不是君临天下的雄伟，而是低调含蓄的妩媚。

喀什到塔什库尔干只有 290 公里的路程，而且路面条件非常好，车辆也不多，但由于全线限速，所以我们直到傍晚才抵达塔县，一座高山宽谷中安静的小城。不过，为了在县里办理相关的考察手续，飞翔他们的一辆车尽可能往前赶，比我们先到了。虽然是在帕米尔高原上，但县城的海拔高度仅 3 000 米多一点，绝大多数人都没有任何高山反应的症状。尽管睡得很晚，但由于时差的关系，旅店 9 点钟才供应早餐，所以第二天起来后大家都觉得休息得非常充分。

8 月 4 日，我们在帕米尔高原的野外考察进入了最重要的阶段，前往瓦恰乡的预定工作区寻找化石。2014 年 6 月，古脊椎所王宁博士率领的考察队根据地质队之前发现的线索，已经在这个地点开展过地层调查和化石采集工作，为我们的此次考察打下了良好的基础。

前往瓦恰的公路在县城南面与 314 国道分离，转而向东，一开始顺着塔什库尔干河向下游方向前进，是前往莎车的公路。在一处伸入河床的突出山体上开凿了一条隧道，这本来是相当平常的事，不过，它的名字竟然是"葱岭 1 号隧道"，多么响亮的一个名字，却是在一条偏僻的公路上。塔河一侧自然是陡崖，而靠山一侧的峭壁上悬挂着摇摇欲坠的巨石和岩块，看上去让人心惊肉跳。好在我们再次分路，在下坂地水库通过又窄又高的桥梁跨越塔河，沿着一条南北向的沟谷前进，两侧宽缓，道路贴近溪流，没有什么危险了。溪流串起一个又一个湿地或绿洲，村落就散布其中，让人恍若世外桃源的感觉：

草芒村路傍溪斜，雪水西头一两家。
沙棘果黄鸦语噪，清风拂拂落稞花。

根据王宁他们留下的 GPS 数据，我们很快在瓦恰附近找到了地层露头，并且放飞无人机观察了更大范围的地质情况。采集工作即刻开始，很快就发现了植物化石，有大量小型的叶片，有些的叶脉结构都保存得非常清晰。昆虫化石也出现了，翅足俱全的蚊类尤其丰富。我们最期待的鱼类化石由飞翔首先找到，应该是一条完整的高原鳅，骨骼都还覆盖在一层薄薄的围岩之下，但一列椎体显著突起，在送回实验室后将进行精细的修复。有了良好的开端，大家的干劲更大了，我们决定就在这一段露头开展工作，队旗插在山腰不再移动。

不过，工作有时也会被打断。塔什库尔干系塔吉克族自治县，瓦恰乡也是塔吉克族同胞的聚居地。不时有村民路过我们的工作现场，饶有兴趣地观看，他们热情地微笑，但并不与我们交谈，因为知道我们完全不懂塔吉克语。由于是在暑假中，有时会有从城里回家的中学生过来，都说一口流利的普通话，我们就能畅通地交流了。突然来了一位表情严肃的塔吉克中年汉子，他命令式地向我们宣讲着什么，但我们完全听不懂。这时几个中学生围拢过来翻译，原来他是乡上的护林员，担负着监管林草、保护环境的职责，看见我们在这里扰动了岩层，就赶快过来制止，并要求我们立刻离开。他还给我们看了两本条例规章的手册，虽然对民族文字完全都不认识，但我们知道他告知我们的意思是有法可依、执法为公。

我们首先对护林员的认真态度感到由衷的敬佩，就是需要有更多秉持这种精神的人，我们赖以生存的自然环境才能越来越好。当然，我们是有备而来的。我们拿出了各种盖有红色印章的红头文件和公函，这下轮到他看不懂了，但在塔县的证明上有联系电话，他直接拨过去，经过一阵交谈，显然得到了肯定的答复。他脸上的表情立刻转变为亲切热烈，我们也向他表示，我们采集完化石只会扰动很小的范围，并且在工作结束后将会回填，尽可能地恢复原貌，护林员更高兴了。

1 路旁的唐古特白刺（*Nitraria tangutorum*）
2 葱岭1号隧道
3 飘扬的队旗

1 通往瓦恰的公路
2 瓦恰的草地和村庄
3 草地上的即兴表演
4 守则尽职的护林员
5 在好客的塔吉克村民家
6 精美保存的高原鳅化石

我们向他讲述了帕米尔高原过去远至几百万年前的历史，那时的环境与今天的异同，这些知识的取得也将为今天的环境保护提供参考。护林员说，工作地点近处的村民是他的亲戚，那几个翻译的孩子也是他们一大家的，于是非要拉我们去这一家做客。我们本不想去打扰他们，但架不住盛情难却，就愉快地接受了邀请。不过，一进家门，又犯难了，因为一定要让我们上炕而坐。我们衣服上都沾满了沙土，还要脱掉登山鞋，更担心有气味影响到别人。但无论怎么说都不行，我们最后只好恭敬不如从命。主人在炕的中央铺上一块绣满漂亮花草的桌布，摆上馕和各种奶制品，我们也把带来的食物和西瓜汇集在一起，充满民族风味的午餐开始了。不过，当我们看见主人家已经在炖羊烤串，这热情实在不能消受，于是以工作时间紧张，不能耽误太久为理由，坚辞离开了。

熟悉了工作场所，再到瓦恰就更加方便。在瓦恰工作的最后一天，一到现场，我就半开玩笑地说，今天必须同时满足两个条件才能收工：找到 5 条鱼化石，至少干到 6 点钟。形势非常喜人，上午除了丰富的植物和昆虫标本，鱼类已采集到 4 条，下午还用说吗？一定超额完成任务。可是，有些事真是无法预测啊！植物不断有新发现，但鱼的那一拨已经过去了吗？这最后一条无论如何也不现身。周浙昆老师调侃地问飞翔，是否真的一定要找到 5 条鱼才离开？飞翔说加上昨天的够了。到了 5 点 55 分，我说开始 5 分钟倒计时，周老师就迫不及待地宣布，根据植物化石的发现情况，版纳园领先古脊椎所，将要取得最后的“胜利”。

事情常常就有这么巧，5 分钟就要结束，我说开始读秒的最后一秒钟，突然欢呼声传来，硕士研究生毕黛冉发现了第 5 条鱼。大家立刻蜂拥过去，这还是一条完美的鱼，没有围岩覆盖。虽然 6 点已到，我们收工的双重条件都已满足，但大家意犹未尽，于是我宣布加时半小时。果然又有收获，很快博士生张晓晓发现了一条鱼的尾部，但大家似乎有些遗憾，所以没有停下来，继续发掘。加时半小时已到，由于回程至少还需要两个小时，所以大家一致同意，进入“点球”时间，不管结果如何，我们都将结束这个地点的工作了。就在此刻，欢呼声再次响起，不仅是找到了一块新的标本，而且跟刚才那段鱼尾完美地拼合在一起，这真是一个绝妙的句号。

塔什库尔干的工作结束了，我们顺利地完成了这次考察第一阶段的任务。发现的一系列重要化石将为探索青藏高原，尤其是帕米尔地区的地质历史提供关键的科学证据，将更清晰地描绘出生物与环境演化的精确细节。我们除了体验了大自然的神奇，还随时感受到当地塔吉克族人民的热情和善良。我们在一处毡房附近小憩，主人就会走过来，播放出优美的乐曲，孩子们立刻跳起欢快的胡旋舞。我们一位队员的小包遗忘在草原上，牧民捡拾后翻到里面的手机号码，马上打来电话，并且在队员乘车从100多公里外赶回的时间里一直等在原地，毫无要求地完璧归赵。

塔什库尔干也是一个有故事的地方，我们虽然没有时间探访名胜古迹，但还是在离开的早晨去了县城高台上的"石头城"，新疆维吾尔自治区考古所正在进行发掘。尽管目前能看到的只是新近修复的清代夯土城，但满地的碎石包含着这里悠久的历史。塔什库尔干在汉代为西域蒲犁国，一直是古代翻越当时称为葱岭的帕米尔高原的重要通道，安世高、法显、玄奘就是经此西行印度取经，高仙芝从这里率领大军出瓦罕走廊击败小勃律并重新打通丝绸之路。《大唐西域记》中不仅准确地描述了当时已改名的朅盘陀国风貌，还记载了关于来自太阳中的神人和独居高崖城堡中的汉族公主的浪漫故事。英国和俄国1895年为了在英属印度和俄属中亚之间建立一个隔离缓冲带，把中国领土瓦罕走廊划给阿富汗，现在已少人通过。今天含义为"血谷"的红其拉甫已成为连接中国-巴基斯坦的重要口岸，把古代丝绸之路的交流精神发扬光大。于是，我在离开塔什库尔干的路上写下了"帕米尔怀古"：

崎岖苦旅越葱岭，血谷从来路不平。
蒲犁天马夏肥草，塔什石城秋满冰。
千军瓦罕仙芝帐，独客盘陀幺奘行。
公主高崖空守候，日神不来负深情。

考察队回到喀什的第二天，就将奔赴阿克苏和库车开展第二阶段的野外工作。我由于要参加重要的会议，只好奉命返回北京了。行前叮嘱大家一定要注意安全，预祝考察工作取得更大的收获。

岩溶漏斗盆地

鳄鱼头骨化石

河内
|
红原鸡
|
巴亭广场
|
国家自然博物馆
|
山萝省
|
中文对联
|
石灰岩溶洞
|
那阳煤矿
|
鳄鱼化石
|
滇越铁路

记忆的力量既是强大的，也是相当奇妙的。关于越南，我们从小就了解很多，特别是关于战争，有胡志明和阿福，有橙叶剂和美莱……我也曾在高中时被选为作文代表，给对越自卫反击战的将士们写慰问信。但不知什么原因，只要一想到越南，我的脑海中就会冒出来几句诗："红蓝金星旗啊，你像一团火，你燃烧着南方的土地，燃烧着山林，燃烧着江河"。我知道红蓝金星旗是越南战争期间南方民族解放阵线的旗帜，也与现在的越南国旗很相似，但一直不知道为何这个记忆如此深刻。我记得是在一本杂志上读到过这首诗，却早已不记得是什么杂志。

这次要去越南进行科学考察，也是我第一次去越南，所以愈发好奇到底是在哪里读到的这首诗。真是感谢现代的网络，没费太大的功夫就查到了，原来是在1960年代越南战争时期出版的《人民文学》上。其实早该想到是这个杂志，因为在"文化大革命"期间，能够出版的杂志太少了，也就只有可数的几本，甚至这是唯一的文学杂志吧？

我们一行6人于2018年10月14日启程前往河内，但分别从西双版纳和北京出发。中国科学院西双版纳热带植物园的苏涛博士带着刘佳、邓炜煜东两位年轻人从景洪经昆明转机到河内，我则同古脊椎动物与古人类研究所的吴飞翔博士和土耳其博士生何凯泽（Kazim Halaclar）从北京先飞深圳再飞河内。之所以要转机，并非河内是不容易到达的偏远城市，而是北京到河内的航班都非常奇怪地是半夜起飞凌晨到达。

从深圳到河内的航班从行程单上看只需一个小时，这其实是因为河内时间比北京时间晚一个小时的缘故，实际飞行时间是两小时。降落前可以清楚地看见主要由红河和太平江水系泥沙冲积而成的红河三角洲的地形，广阔平坦的土地上是绵延不尽的水稻田和星罗棋布的村庄。红河三角洲是越南北部最重要的经济区域，人口极为稠密，房屋杂乱而拥挤地聚集在一起，形成东亚特有的风格。

越南国家自然博物馆的小杜来接我们，他是一位在德国取得博士学位的植物学家，越南文名字是Do Van Truong，中文为杜文长。越南语在古代引入了庞大的汉字词汇，其发音类似古汉语的中古音。越南在1945年之前也一直使用汉字来书写，此后才转为法国传教士发明的拼音文字，因此他们的名字中有固定的汉字，与其越南语发音接近。其实，在越南通常是称呼小杜的最后一个字Truong，这次考察中的另外两位越南队员，古生物学博士阮友雄（Nguyen Huu Hung）和司机师傅则都称呼为Hung。

此行一辆中型客车全程跟随我们，既可以全体队员坐在一起随时讨论，也有足够的空间装下采集的标本。我们先乘这辆车到位于河内市西北部的西湖旁的旅店住下，然后去晚餐。我对于越南饮食的了解，是在很多国家都有的越南米粉店，特别是对每碗米粉上配的罗勒（*Ocimum basilicum*），即九层塔印象深刻。到了越南发现，米粉确实是重要的主食，而除了九层塔、紫苏叶和芭蕉花以外，还有很多野生植物都被当成蔬菜或调料。想想这里应该不会到处都洒农药，所以我就很放心地吃了各种草叶和树叶。店家推荐，他们的鸡都是跑路鸡，我也立刻就相信了，因为看见店里还养着红原鸡（*Gallus gallus*）。

时间还早，晚上我们就去市中心看看。巴亭广场中央是胡志明主席的陵墓，停放着他的水晶棺，陵外有身着白色军服的仪仗兵值守。看起来越南人过得非常轻松愉快，广场完全是市民纳凉的好地方，许多家庭带着孩子在国

1 山区售卖的野生兰花
2 在那阳煤矿剖面上搜寻化石
3 “支持越南南方人民解放斗争”邮票
4 人工饲养的红原鸡
5 与越南自然历史博物馆签订合作协议

旗杆周围嬉戏玩耍。我们又去了还剑湖，这里则是年轻人的天地，在星期天的晚上人山人海、摩肩接踵。大家都很随意，连李朝开国皇帝太祖李公蕴的青铜雕像前都变成了跳街舞的热闹场所。

第二天是星期一，我们先去博物馆签订合作备忘录。双方代表团各自介绍了本单位的情况，然后展开讨论。越南国家自然博物馆是一个以生物多样性为主题的特色博物馆，通过与古脊椎所签订合作备忘录，我们双方达成共识，将建立互访、交流与合作的机制，共享越南境内的古生物学和古人类学资源，越方参加由中方主导的考察和研究。

热带越南的生物多样性自然不用强调，想想在 1992 年还能发现武广牛，即中南大羚（*Pseudoryx nghetinhensis*）这样的大型动物新种就很容易理解了。全世界博物馆的多样性也不容置疑，各有各的特色。越南自然博物馆虽然面积很小，历史也很短，是 2006 年才建立的，但其收藏展示的现代生物标本和远古生物化石也跟世界上的其他自然博物馆一样，是其最重要的内容，也非常丰富、非常有代表性。博物馆的布展相当用心，尤其是生命树的雕塑和木刻，不仅清晰地诠释了生物进化的过程和内容，也展示了越南独特的木材资源。

我们的时间安排非常紧凑，所以签完协议立刻出发。第一个考察地点在越南西北部的山脉地带，我们沿 6 号公路先向西进发，到和平县后开始溯黑水河谷行驶，逐渐投入山区的怀抱。在杭盖县附近的休息地点，路旁的小贩已是山地民族的打扮。眼前的山峰有变质岩的陡崖，更多的是石灰岩的喀斯特地貌。摊点售卖的山货，最令人印象深刻的是一丛丛的野生兰花，特别是从树上砍下来的寄生种类。但小杜告诉我们，这些山里的兰花其实很难适应室内的环境，许多人买回家去最终都养死了。

在山区里走了上百公里，木繁水秀自然得益于气候条件。越南的人均 GDP 只是中国的 1/4，不过令人感慨的是，这里的生活水平虽然简朴，房屋也有些杂乱，但无论经过乡村城镇，到处都非常干净，即使是在偏僻之地，也完全看不到有随意遗弃的垃圾。

过杭盖后我们转向北行，山势逐渐升高，最高峰超过 1 000 米。道路也变得险峻，不过路面质量很好，不时有大型货运卡车驶过。地层开始出现紫红色的白垩纪沉积，小阮说到这一带来找过恐龙，尚未有发现，但我感到进一步的搜索一定会有收获。不过，由于越南的植被非常好，大多数地方都覆

1 那阳煤矿展厅中的石炭兽下颌骨
2 激动人心的野外发掘
3 乡镇的街道
4 在好客的越南村民家席地而坐

盖有茂密的森林，所以裸露的地层比较少。

傍晚时分到达山萝省安州县，旅店就在县城中心的十字路口，6 号公路穿过，夜里一直有卡车的轰鸣。歌厅传出的卡拉 OK 也吵闹到 12 点，但困了很快睡着，并没有受到影响。不过，早上 5 点就被高音喇叭吵醒了，虽然听不懂，但从语调判断，显然是新闻宣传节目。让人诧异的是，这节目连续不停到 8 点还在播放，很好奇到底是什么具体内容。

县城沿街的建筑主要是各家各户的民居，通常两、三层楼高，都有阳台和凉棚，屋顶红色的居多。而最大的特点是门脸狭窄，纵向延长，据说政府是按房屋宽度收税，所以就建成这样了。越南的早餐都是米粉，这跟田地主要种植水稻相一致。我们先去了农贸市场，不是为了解民情，是飞翔想收集一些本地区的现代鱼类标本，以作为化石研究的对比。东南亚以斗鱼为典型代表，在山民售卖的野生杂鱼中可以发现。

我们的第一个化石地点是安州县的杭门（Hang Mon），这是一个发育在三叠纪灰岩中的岩溶漏斗式小型新生代盆地，以前曾报道过早中新世的爪兽、犀牛、乌龟化石。地层中有大量碳化的植物，苏涛课题组发现了一些立体保存的种子化石，是今天的采集品中最有特点的。

中午正准备野餐，但老乡特别友好，非要拉我们去家里。最后我们就到一家的堂屋中铺开，席地而坐用餐。可能当地人也是这样，因为屋子中没有看见桌子，而照壁正中是祖先牌位，挂着标有越南语读音的中文横匾和对联。

老乡说村后的山上有石灰岩洞穴，去年曾在洞中抓了一条 7 公斤重的眼镜王蛇来泡酒。我对蛇一向厌恶和恐惧，但越南和广西的山洞很相似，不仅有俗称为“龙骨”的哺乳动物化石，据说还有神秘的巨猿材料发现，所以我们决定去踏勘。先穿过果园，村民热情地摘下龙眼让我们品尝。然后钻入树丛，沿着满是石牙的岩溶风化表面向上攀登。说实在的，我很担心茂密的野草中藏着毒蛇，所以找一根树棍拿在手中不断打草惊蛇。终于爬到洞口，确实有沉积物保留，是一个值得发掘的地点。再往洞中走一点，头灯的照明下赫然发现一条巨大的蛇蜕挂在洞壁上晃动，确实有点吓人。

我们的下一个地点在越南东北部的谅山地区，所以结束了杭门的工作，立刻返回河内方向，尽可能多地赶路。晚上下起雨来，雾气也非常重，能见度很差。温度马上就降下来，白天还穿短袖，夜里大家把外套都加上了。不能一直走，我们的司机师傅也需要充分休息，所以在距河内 40 公里的郊区找

1 棕榈叶片化石
2 海岸附近的黏土采坑
3 探索石灰岩洞穴

了一家旅店住下。

早上起来，看见旅店的外墙刷成黄色，跟越南随处可见的黄色建筑一样。大家都说，这是法国殖民时期遗留下来的，有名的“法国黄”。可是，去法国却很难发现有这种黄色的建筑，法国人就告诉你，那是越南最典型的颜色，所以叫做“越南黄”。我们先返回市内的博物馆取相关的文件，因为到各地考察需要与当地政府和派出所接洽。在早晨的交通高峰期又一次感受了越南如潮水一般涌动的摩托车流，城市的活力正是从每天早晨轰鸣的摩托车引擎开始，即使在绵延的秋雨中也不能减弱分毫。

再次离开河内，我们沿 1 号公路北行。河内到友谊关的铁路也是同一走向，但一列火车都没有见到，客运货运都完全让位于公路交通了。接近谅山，山势变得来跟广西的岩溶峰林峰丛非常相似。我们未进谅山城，直接向东转到禄平县，第二个工作地点，也是此次考察最重要的化石地点那阳（Na Duong）煤矿就在这里。

我们先到煤矿总部去办手续，在大厅的陈列柜中看到各种化石，包括鳄鱼、乌龟、石炭兽、腹足类、粪化石等等，植物化石就更多了。办好手续，我们迫不及待就到煤矿的采坑去。那阳煤矿是越南最大的煤矿，也是一个露天煤矿，还建有坑口发电站。采坑的坑壁就是非常好的地层露头剖面，为我们搜寻采集化石提供了有利的条件。实际上，这次除了石炭兽，其他各类化石都找到了。

次日雨下得更大了，当地人都穿起了羽绒夹克，这让我们完全没想到。越南同行说，谅山地区在越南的最北方，跟南方不同，所以会很冷。可我们觉得，整个越南都在我们南方的云南、广西以南，怎么还跟我们一样有南、北方的巨大差异？越南的气候分为雨季和旱季，我们刚好赶上了雨季的尾巴，旱季要在 11 月才开始。下雨无法到采坑工作，只能在禄平的县城里找了一家咖啡店坐着等待天晴。据说越南的咖啡很不错，但我只觉得很浓很苦。

中午雨终于停了，但剖面上会非常泥泞湿滑，于是我们到那阳的小镇上去买了长筒雨靴，这样就没有问题了。下午飞翔首先发现了一枚鳄鱼的牙齿，我开始还有点不敢相信，随后鳄鱼的头骨也找到了。还发现了两只乌龟，保存得特别完整。要毫发无损地取出来，所以特别小心而细致。这个季节 5 点钟就天黑了，大家一直工作到完全看不见才肯往回走。在漆黑的山路上，我们的车到了满是淤泥的斜坡前寸步难行，最后不得不全体下来推车才终于脱

2

1 黄连山下的田野风光
2 夜色中的河口大桥

离困境。

由于收获远大于预想，准备的发掘材料不够了，10 月 19 日上午我们就先在县城里采购。但石膏绷带根本没有，而建筑装修用的石膏要几个小时才能凝固硬化，因此不适用。不得已，我们只能用锡箔纸代替。本想将昨天发现的化石全部取出后就可以奔赴下一个地点，没想到幸运地又发现一件保存最好的鳄鱼头骨，还有鱼类的鳃盖骨和鳄鱼的肢骨。有利的是，保存鳄鱼头骨的炭质页岩很容易剥离；不利的是，保存在其中的化石也非常容易受到损伤。功夫不负有心人，在精心细心耐心的发掘下，整个岩块被切割、加固、包裹、取出。为绝对保证鳄鱼头骨的安全，所以我们把岩块切割得很大，但要从超过百米深度的采坑底部搬运上去就费劲了。好在考察队的小伙子们似乎都有使不完的劲，终于交换接力，顺利地运送到车上。而当大家吃上午饭，时间已近 4 点钟。

继续赶路，“你问我要去向何方？我指着大海的方向”。没想到中国的流行歌曲在越南也很受欢迎，我们就在群山中和稻田旁向着北部湾前进。在先安县到达海岸线，落日的余晖中可以看见成片的红树林。然后转而向南，在夜色深沉时分住进了同旺县的旅店。海边的生活显然比山地热烈，虽然时间已经很晚，但我们去找餐厅吃饭，发现街上依然人来人往。

20 日早上还是先去农贸市场了解当地的土著鱼类，谁知这里靠近海边，只有来自大洋的馈赠。今天是越南的妇女节，街边多了不少卖花的。不过，农贸市场上还是有很多妇女摊贩，在稻田中收割劳作的也不乏妇女的身影。也许单位上的妇女会放假，但今天本来就是不上班的星期六。

我们住的地方离化石地点只有 5 公里距离，很方便就到达了。这是在平原上的黏土采坑，用于烧制砖瓦。地层水平展布，从上到下依次为紫红、黄褐和黑灰色的碎屑堆积，粒度逐步变细。我们就在底部的黑灰色泥岩中发现了大量阔叶植物化石，完整的棕榈标本甚至超过两米尺寸。最大的困难是泥岩失水后很快会开裂，所以我们一方面用化学药品加固标本，同时用塑料薄膜密封，保证运回实验室后不变形不破损。

每发现一件标本就需要有精确的 GPS 定位，但当第一个数据出来时让我大吃一惊，海拔高度竟然是负的，−14.1 米。我以为 GPS 出了什么问题，再测，还是负的。原来，这里的平原地面已接近海平面，采坑向下掘进不少，坑底确实是在海平面之下。习惯了在青藏高原的工作，随便一测，不是 5 000

米也有 4 000 米，猛然还没有适应过来。

稻熟蛙停雨放晴，晨光映照佛寺明。
喧嚣早市乡民聚，米粉飘香慰我行。

结束了在同旺县的工作，10 月 21 日我们开始返回。从下龙市穿过高大的红河口大桥到达南岸的海防市，然后沿高速公路直奔河内。我们再次来到越南国家自然博物馆，整理这次采集的丰富化石标本。一部分标本保留在博物馆，另一部分标本根据双方的合作协议，我们将带回中国进行修复和研究。

回程我们将从越南的老街出关，从中国的河口入关。河内到老街的高速公路全长 264 公里，是 2014 年才建成的。虽然由于资金问题有些地段还是没有中央隔离带的双幅路面，但车流量并不大，所以行车速度能够保证。公路沿红河上行，与滇越铁路如影随形，山势逐渐上升，向云贵高原靠近。黄昏时分，我们到达边境附近，可以看见黄连山下炊烟袅袅升起，一片宁静祥和的景象。双方的海关在河内时间 19 点、北京时间 20 点同时关闭，我们在最后时刻赶到。不过，持有自助验放证件的边民很晚了还可以过关。

连接两国的桥梁并不在红河上，而是在其支流南溪河上。站在海关过境通道两国的分界线位置，滇越铁路河口-老街大桥的夜景清晰地刻画出差别：越南一侧只有照明灯，而中国一侧霓虹灯通明，这形象地反映出两国的经济发展水平。也正因为有国家对科技的重点投入，我们才能有足够的经费开展科研活动，包括像此次这样到越南的野外考察。

2019 年 7 月份要在意大利考察，未到之前就会想起夏天的火热。关于这个季节，印象最深的应该是 1990 年的足球世界杯，尤其是开幕式，主题歌就叫意大利之夏。意大利属于典型的地中海气候，最大的特点是夏季炎热干燥，而温和多雨的天气只属于冬季，由此也成为世界上独一无二的雨热不同期的气候类型。天气虽然炎热，但少雨的特点对我们的野外考察却是优点，不容易耽误工作。

而说起我们将要进行野外考察的西西里岛，除了威尔第的歌剧《西西里晚祷》，恐怕很多人知道得最多的就是黑手党与西西里的联系，尤其是首府巴勒莫，每一条街巷都曾经充满了黑色的印记。巴勒莫的机场叫 Falcone-Borsellino，就是以生于巴勒莫的著名反黑法官乔瓦尼 · 法尔科内（Giovanni Falcone）和保罗 · 博尔塞利诺（Paolo Borsellino）的名字命名，以纪念他们在反黑事业上的伟大贡献，两人于 1992 年在巴勒莫被黑手党暗杀。长期的警匪对峙让巴勒莫成为一片狼藉之地，但随着反黑斗争的深入开展，历史已经翻过，现在的西

西西里热浪

巴勒莫海港

海燕蛤灰岩剖面

西里岛和巴勒莫重新恢复了宁静。来机场接我们的巴勒莫大学的斯提凡诺（Pietro di Stefano）教授一脸的热情洋溢，就像是给我们吃了一枚定心丸。

在历史上，作为地中海最大的岛屿，西西里岛不仅是文明的交汇处，也是连接东西方的桥梁。它从公元前8世纪开始接受希腊人的殖民，在公元9世纪遭到阿拉伯人的入侵，自11世纪之后则由诺曼人统治。由于千百年来种族的融合，斯提凡诺教授介绍说，现在的西西里人说一种特别的意大利语方言；因为太特别，也几乎可以说是另一种语言，其他意大利人很难听懂，而对我们来说都一样，就是完全听不懂。

在地质上，西西里岛是新近纪亚平宁-马格里布（Apenninic-Maghrebian）褶皱推覆带的一部分，岛屿的南半部主要由新生代沉积占据，穿插着一些二、三叠纪沉积。我之所以选择要到西西里岛来，就是因为岛上有好几个新近纪地层的金钉子（GSSP）和代表性剖面，在巴勒莫大学的地质博物馆中还有丰富的第四纪哺乳动物化石标本。

从机场出来，公路沿着第勒尼安海的岸边前进，也有并行的铁路。逐渐接近巴勒莫，但我们没有进市区，而是直接开车到城市西面的山上。整个巴勒莫山脉由从三叠纪到新生代的海相沉积组成，斯提凡诺教授介绍了西西里岛的地质概况，并指引我们观察三叠纪的海相灰岩剖面。他的两个博士助手还特地带来了喷水灌，将泻湖相灰岩表面打湿后可以更清楚地观察藻类和海绵化石，据说幸运的话还能见到巨齿鲨（*Megalodon*）化石。这个时间正是典型的地中海气候下的干旱季节，满山都是枯黄的干草，除了耐寒的松树和喜热的仙人掌等植物，看不到太多绿色；蜗牛也停止活动，藏在岩石的背阴处。

下山后才去旅店安顿下来，就在古色古香的市中心。据说巴勒莫在公元10世纪阿拉伯人统治时期是世界上仅次于君士坦丁堡的第二大城市，这实在令人难以相信。我们晚上去参观拥有丰富古生物化石的巴勒莫大学格米拉若（Gaetano G. Gemmellaro）地质博物馆，从无脊椎动物到脊椎动物，印象最深刻的就是地中海巨齿鲨和西西里岛矮象。作为镇馆之宝的这具矮象虽然骨架相当小，但还不是典型的地中海岛屿化的倭象，而是古菱齿象（*Palaeoloxodon*）一个未定名的新种。在西西里岛上发现与亚平宁半岛相同或相似的哺乳动物化石并不奇怪，因为即使在现代，分隔两地的墨西拿海峡也仅有3公里宽度，更不用说在中新世末的墨西拿盐度危机事件时地中海完全干涸了。

1 从巴勒莫山脉眺望第勒尼安海
2 三叠纪灰岩中的化石
3 矮化的古菱齿象
4 斯提凡诺教授的野外讲解
5 休眠状态的蜗牛
6 精美的菊石标本

墨西拿盐度危机发生在距今596—533万年前，这一时间段属于在地质年代上以西西里岛的城市墨西拿命名的墨西拿期（距今725—533万年前）。当时地中海与大西洋连接的直布罗陀海峡被地质构造运动封闭，而地中海的水分蒸发量比其周边河流流入的水量更大，导致其最终完全干涸成盆地并变为一个巨大的盐漠，平均深度在海平面以下1 000多米。

巴勒莫大学地质博物馆的正式成立时间是1860年，但实际上博物馆在大学于1779年由波旁王朝的费迪南一世国王建立时就有了。博物馆从一开始就由自然科学的教师们着手采集收藏自然标本和人工制品，而在1830年波旁政府为巴勒莫附近的一个采石场颁布条例，希望结束化石散落的状况，将它们集中到博物馆中陈列展出。化石发掘工作此后得到大学教授的指导，由此西西里岛的一批重要的更新世脊椎动物化石成为博物馆的藏品，此后的藏品变得越来越丰富。

就在1860年，格米拉若教授成为大学的地质学领头人，他的全心投入使地质博物馆成为巴勒莫声誉最高的博物馆，并且是欧洲最有名的地质古生物博物馆之一。他在那时也得到充足的经费支持，使其可以购买大量标本来丰富博物馆的各类藏品。他在其卓越的研究工作中也采集了数量众多的新的化石标本，尤其是在巴勒莫山脉的二叠纪地层中。他的研究兴趣在于古生代和中生代的无脊椎动物化石，并且他是世界上最有名的菊石专家之一。在他的带领下，巴勒莫博物馆成为世界上主要的地质古生物博物馆之一，当时在研究人员数量上仅次于大英博物馆。在增加的标本中，就包括著名的西西里矮象，也是这次我最感兴趣的标本之一，博物馆以其为重点设立了专门的“象厅”。

现在，由于矿物标本早已分出另建单独机构，产自西西里岛从二叠纪到第四纪，包括古人类在内的古生物化石成了巴勒莫地质博物馆最主要的内容，政府还颁布了地方法令使博物馆成为西西里地区所发现化石的指定收藏机构。秉承意大利的艺术传统，在化石标本陈列之外，博物馆里还有逼真的远古生态复原，其中的动物被塑造得栩栩如生。我们在野外没有看到的巨齿鲨化石在这里不仅展示了真实的标本，还有再造的镶满锯齿、站得下几个人的鲨鱼巨口。根据化石重建的巨齿鲨个体远大于现代的大白鲨，据推算平均可达14米长、40吨重，甚至有人认为最大可能超过20米、重达70吨，是新生代海洋中的顶级掠食者。现在的巴勒莫地质博物馆不仅是进行科学普及的殿堂，更是科学研究的重要机构，每年有世界各地的科学家前来进行研究和对比，就像我们这次一样，因为它收藏的化石正型标本就超过 1 000 件。

我们第二天一早从巴勒莫出发，开始在西西里的山路上向南行进。不时看见松林果园、灰岩孤峰，还有就是红、白两色夹竹桃簇拥下的一座座村镇，简直都是天然的历史博物馆。在西西里，一年一年的花盛开过，又凋谢了；一代一代的人生活过，又消失了。只有那些古老的建筑，希腊的、罗马的，拜占庭、阿拉伯，诺曼朝、波旁朝，一直矗立在原地，默默地叙述着历史深处的故事。歌德在《意大利之行》中对西西里的评价是："这是艺术与自然共同创造出的最伟大的作品"，刚刚开始走在路上，这句话我已经信了。

在路途休息时，最典型的意大利方式就是去村镇的小店中要上一杯咖啡，毕竟卡布奇诺和拿铁之类的名字都源于意大利。不过，点咖啡时要小心，比如我们常说的拿铁，其实是意大利语 coffè latte 音译的简称。latte 是意大利语牛奶之意，在世界上其他地方，你只说 latte 服务员应该知道是要牛奶咖啡，但在意大利就会给你端上一杯牛奶。就像在中国，如果你点葱花煎饼而对服务员说来盘葱花，那结果可想而知。

还有一件有趣的事。罗马数字是罗马人发明的，所以意大利人用得很娴熟，到处都能看到，有时候让我们反应不过来。比如看见一个纪念碑下方写着 ×× 世纪，我的第一个想法是为什么要写某某世纪而不实指呢？后来才知道就是用罗马数字写的 20 世纪。

我们穿行在西卡尼（Sicani）山脉中，最后到达索西奥（Sosio）谷地，开始停下来观察地层，这里有地中海代表性的特提斯洋新生代碳酸盐沉积剖面，而更老的二叠系和三叠系地层是这次考察的主题。著名的上三叠统海燕蛤（*Halobia*）灰岩在这里推覆于渐新统和中新统地层之上，而此处的二叠系纺锤虫灰岩最早由格米拉若教授描述。由于西西里的植被很好，所以不容易看见连续的剖面，只有一些孤立的露头。有些露头还很特别，比如一块巨大的灰岩独石，上面开凿有阶梯，可能是古代苦修僧人的避难所，我们在这个露头上观察二叠纪的钙藻、纺锤虫、海绵和海百合化石。

穿过枯黄的草丛时得特别小心，有很多长得很高的带刺的菜蓟（*Cynara scolymus*）。叫这个名字是因为它的肉质花托和总苞片基部的肉质部分可以当蔬菜食用，据说营养价值还很高，但看着那么多毛刺，不知意大利厨师是如何对付的。更危险的是提醒大家草丛中有蜱虫，所以每个人的裤脚处都喷了

1 西西里岛上的古人类
2 古海洋生态复原
3 自然遗迹保护区
4《天堂电影院》中的广场
5 悠闲的午后聚会
6 卡姆马拉塔夜景

1 三叠纪地层露头
2 菜蓟带刺的花朵
3 二叠纪复理石剖面
4 肆虐的山火
5 巴勒莫大剧院

药。最终，并没有真的看见蜱虫，只是我们一位考察队员身上有个小疱，以为是被蜱虫咬了，紧张得一夜没睡着，结果是虚惊一场。野外的干草上确实有动物，但全是休眠等待雨水的蜗牛，不过也看到一、两个不怕被晒干而爬出来活动的蜗牛。

沿着蜿蜒的山路，路旁是不时出现橄榄园、草垛卷、金黄的麦田和石砌的房子，中午我们又回到早上路过的帕拉佐阿德里亚诺（Palazzo Adriano）午餐。也参观了小镇两座教堂中间的广场，一座教堂是拜占庭风格的东正教堂，而另一座是巴洛克风格的天主教堂。这个山中小镇是托纳多雷（Giuseppe Tornatore）导演的获得 1990 年奥斯卡最佳外语片的《天堂电影院》的拍摄地。西西里岛也是地下水和泉水丰富的地区，随处可见能饮水的喷泉，就在电影中出现过的水池旁我也从古老的喷水口中喝了好几口甘甜的泉水。许多老年人坐在咖啡馆外聊天，别有情趣，他们中也许有人在那部电影中担任过群众演员？

晚上到达卡姆马拉塔（Cammarata），一个房屋重重叠叠的山城，那街道陡得我都觉得刹不住车。虽说整个西西里岛有 500 万人口，但到处能看到的人都很少，白天在公路上只能偶尔见到骑自行车锻炼的，而街道上也少有行人，但晚餐的饭馆倒是热闹得很。回旅店休息时看见了山城的灯火，不禁想起了郭沫若的《天上的街市》："远远的街灯明了，好像闪着无数的明星。天上的明星现了，好像是点着无数的街灯。我想那缥缈的空中，定然有美丽的街市。街市上陈列的一些物品，定然是世上没有的珍奇"。有什么珍奇我们并没有去考察，但听意大利同行介绍，这一带仍然是农业地区，所产的橄榄油非常有名。

第三天早晨离开卡姆马拉塔，坐车在山路上行进，当回望小镇，看起来非常壮观。莫泊桑对西西里岛上另一座小镇陶尔米纳（Taormina）的描述同样适合于这里："宛如从山峰上缓落下来"。后来还看见更多这样的山城，因为西西里多山，最高峰埃特纳（Etna）火山达到海拔 3 323 米，仅在沿海地带有平原。农田都在山坡上延伸，但连成大片，方便机械化耕种，这个季节田里是一片金黄。

第一个地点是三叠纪剖面，在皮佐卢波（Pizzo Lupo）采石场，剖面非常漂亮，以深水型的海燕蛤灰岩为典型代表。采石场的老板也来协助，又告诉大家这里也有蜱虫，除了喷药，还建议大家用袜子把裤脚扎住。但大家没有退缩，该干什么就干什么，也有人要到剖面高处采样，就开车从盘山公路绕上去。

骄阳似火，完全没有遮挡的地方。西西里岛正常年份 7 月的气温在 20～30℃之间，但今年特别热，每天的温度都有 35℃左右。这就是受所谓 Scirocco wind，即从非洲吹向南欧一带的热风影响的缘故，有记录的最高气温竟然达到 48℃。所以意大利同行在我们来之前就提醒一定要带上遮阳帽、墨镜和防晒霜，而今天炙热的天气甚至引燃了山火，覆盖了公路两侧。警察封锁了道口，禁止人车通过，我们只能等待。消防车赶来灭火，经过他们的努力，直到情况可控，我们才在烟火弥漫中快速通过。

中午在罗卡帕伦巴（Roccapalumba）小镇午餐，餐厅很有味道，当然，饭菜更有味道，典型的意大利风格。餐厅里不仅墙上贴着很多当地的历史老照片，也陈列着许多像文物一样的老旧用品。下午的剖面在小镇附近的一个水塘边，比较容易观察，能看到大量遗迹化石。大家都在讨论此处的二叠纪深水相复理石，以遗迹化石为代表。剖面构成韵律层系，单层薄，但累积厚度大，由频繁互层的砂岩、砂屑灰岩和页岩层组成。

返回巴勒莫，还是一路看着车窗外的景物，一派意大利田园风光。到达巴勒莫还比较早，能有时间去海港看看，鱼腥味扑面而来，彰显着海洋城市的特点。晚餐大家又聚在一起，跟意大利同行话别，饭后他们带我们去大剧院前的威尔第广场参观。新古典主义风格的巴勒莫大剧院建于 1897 年，是意大利最大、欧洲第三大剧院，建筑典雅高贵，是巴勒莫的标志之一。此时，电影《教父》的经典画面在脑海中显现，就在巴勒莫大剧院前，已经年老的迈克失去了他最心爱的女儿，仰天痛哭，一个时代结束了。也正因为如此，今天我们走路回旅店的街道上相当安静，当然也相信安全。我们三天短暂的考察也结束了，西西里的历史如过眼烟云，而地中海的演化已了然于胸。

2019年8月20日的凌晨北京下起了小雨，到天亮时丝毫没有减弱，反而时断时续地加强起来。已经到了夏天的末尾，降雨正在将暑热一点点地赶走。雨势并没有影响我们的计划，甚至还有些欣喜，因为可以为旅途带来清凉。

我们驾车前往江苏省泗洪县，而起因最早源于杨钟健先生在1955年发表的文章“记安徽泗洪县下草湾发现的巨河狸化石”。什么，安徽省泗洪县？没错，泗洪这个县名是1947年将泗南县与洪泽湖西部合并后取的新名，而在1955年3月以前属安徽省。为了便于洪泽湖的统一管理，此后将安徽省的泗洪、盱眙县与江苏省砀山、萧县交换，泗洪县才划归江苏省。杨老的论文发表于1955年2月，真实地反映了当时的行政区划。

杨老1955年记述的化石是在治淮工程中开挖土石方时采集到的，具体地点在泗洪的下草湾，这套地层在当时就被命名为“下草湾系”，这些化石的组合便被称为“下草湾动物群”。裴文中先生在1957年讨论了下草湾动物群的动物地理问题，周明镇先生在1959年对其时

泗洪搜寻

松林庄地点

郑集地点

代提出了看法。经过多年的工作，现在这套地层被称作“下草湾组”，时代为中新世早期。至上个世纪 80 年代，古脊椎所在泗洪开展了更大范围的考察和发掘，从下草湾、松林庄、戚嘴、双沟和郑集等各个地点采集到更多的化石。这些地点的地层都是由于淮河或洪泽湖的冲刷，或者是建设工程的开挖而暴露出来的。下草湾动物群中，不少种类在我国乃至东亚是首次发现，相当多的属与欧洲、北美和非洲中新世的种属有密切的关系，尤其是还有几种灵长类化石。

说到灵长类，就必须请出双沟醉猿。长臂猿是一类小型类人猿，包括两个现生属，即长臂猿（*Hylobates*）和合趾猿（*Symphalangus*），也有人认为可以分为 4 个属，过去仅在非洲和欧洲发现过可靠的化石记录。1977 年 6 月，古脊椎所的李传夔先生和江苏省水文队的同志在泗洪县王集公社松林庄附近的下草湾组采集到一批哺乳动物化石，其中包括一段灵长类的左上颌骨，保留有 3 枚臼齿，代表了在亚洲首次发现的长臂猿类化石。经过研究，李传夔在 1978 年发表的论文中将这种灵长类动物命名为双沟醉猿。为什么取这个名字？因为化石地点在泗洪县的双沟镇附近，镇上出产的曲酒颇为有名，李老师以此作为纪念。双沟醉猿的拉丁文学名是 *Dionysopithecus shuanggouensis*，属名中的 pithecus 是猿猴之意，而 Dionysus 是希腊神话中酒神的名字。

泗洪地区的中新世沉积夹于渐新世的峰山组、三垛组和第四纪的豆冲组之间。下草湾组的厚度为 8～93 米，上段为灰绿、浅灰夹粉红色泥岩、钙质泥岩，夹灰白色凹凸棒石黏土岩、灰黄色砂、砾岩，局部夹玄武岩；下段为棕黄、黄褐色砂砾岩、砾岩相间，夹粉砂质泥岩。在淮河南岸可见夹有多层玄武岩，但迄今尚未有同位素测年数据。已发现的脊椎动物化石包括 11 种鱼类、4 种两栖类、2 种爬行类、5 种鸟类和至少 35 种哺乳动物，此外，下草湾组中还产出植物、孢粉、轮藻、介形虫、双壳类和腹足类化石。

在 25 种小型哺乳动物中，包含有亚洲稀少的有袋类以及常见的晚新生代食虫类、蝙蝠、啮齿类和兔形类，有几个古近纪晚期和新近纪早期常见的科，是这个时代典型的欧亚大陆动物群组成。有袋类的负鼠在中新世的发现非常难得。尽管只有一枚孤立的第二上臼齿，在松林庄发现的隐中国肉食负鼠（*Sinoperadectes clandestinus*）是在中国乃至东亚发现的第一种新近纪有袋类动物。负鼠是一种比较原始的有袋类动物，现在主要生活在拉丁美洲，只

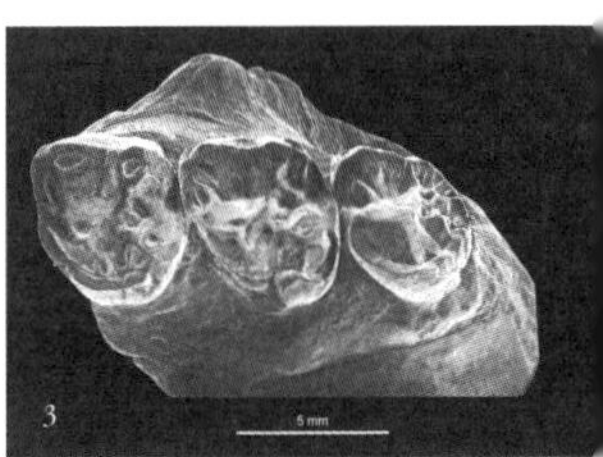

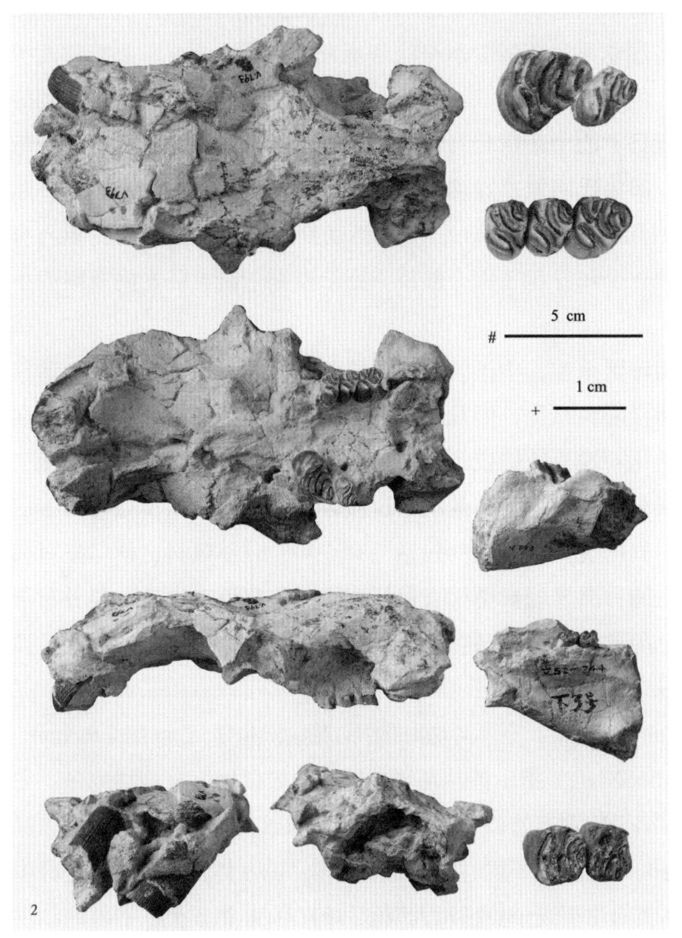

1 下草湾地点
2 杨氏河狸正型标本（李强提供）
3 双沟醉猿正型标本（倪喜军提供）
4 古猿遗址纪念碑

有一种分布在美国和加拿大，即北美负鼠（*Didelphis virginiana*）。在下草湾动物群的小哺乳动物中，松鼠类和仓鼠类占统治地位。河狸是这个动物群中很特别的动物，它是下草湾组第一个被描述的物种。周明镇和李传夔在 1978 年发表的文章中认为，泗洪发现的河狸显然有重要的原始特征，它在不少方面与一些中新世的大型河狸相似。为此，他们把下草湾的“中国巨河狸”由巨河狸属（*Trogontherium*）分出，另建新属，为纪念杨老而命名为杨氏河狸（*Youngofiber*）。另外一个有趣的动物就是豚类（*Delphinus*），它的化石只发现了牙齿。泗洪发现的中国最早的安琪马（*Anchitherium*），材料有一枚门齿和几块颊齿碎片。安琪马的体型如现代的小马，是生活在森林中的动物，它们在中新世早期跨过白令海峡进入亚洲，泗洪化石提供了重要的证据。

下草湾动物群的组成显示，东亚与欧洲在广泛生物交流和扩散的基础上具有密切的动物地理联系，在属级水平还与南亚、中亚、西亚、北非和北美具有共同的分子，但数量少于与欧洲的共有属，环境变化可能是造成差别的原因。此外，尽管日本的中新世化石仍然发现得很少，但其中有 3 个属与下草湾动物群相同，即杨氏河狸、硅藻鼠（*Diatomys*）和跳兔（*Alloptox*）。除了广泛分布的蝙蝠和花鼠（*Tamias*），下草湾动物群与北美共有的属相当有限，只有安琪马等 4 个属穿越了白令陆桥，指示亚洲与新大陆之间有限的生物交流。

在现代动物地理区系中，中国纵跨古北界和东洋界，但缺乏像其他动物地理界线那样的海洋隔离机制，因此在这两个动物地理区系之间就必然存在一个过渡带。泗洪化石地点恰好位于这个过渡带上，下草湾动物群也显示了两个区系中一些成员的共存，与其他区系过渡带所具有的现象类似。在下草湾动物群内，东洋界的现代科或亚科包括毛猬亚科、硅藻鼠科、帚尾鼠科和麝鹿科，与其共生的古北界的典型代表包括河狸科和鼠兔科以及主要分布于古北界的仓鼠科。因此，下草湾动物群体现出早中新世时期该地区已经受到东洋界和古北界的共同影响。

依据生物分布的生态特点，下草湾动物群中的花鼠、毛猬（*Lanthanotherium*）和皇冠鹿（*Stephanocemas*）指示灌丛环境，但 3 种松鼠指示有森林地带，尤其是其中的鼯鼠生活于特别高的树上。另一方面，仓鼠和安琪马则指示相当开阔的地形，跳兔也偏好这样的环境。河狸需要有丰富的水体，下草湾动物群中的大量鱼类以及豚类的化石进一步指示大型水体的存在。很显然，那时的泗洪

1 白鹭飞来无处停
2 天岗湖
3 相见语依依
4 双沟地点

地区各种生态类型相互镶嵌，而不是单调一致的环境。此外，泗洪的毛猬、硅藻鼠、刺山鼠（*Neocometes*）以及各种松鼠，都指示在早中新世时期这里的气候温暖潮湿。

邱铸鼎研究员是下草湾动物群的主要研究者之一，尤其是对小哺乳动物化石的研究，今天就是他带领我们前往泗洪。早上 7 点从北京出发，虽然全程都是高速公路，但由于京沪高速的很多路段都在改建维修，限速行驶，所以花费整整 12 个小时，下午 7 点才到达目的地，从南京大学专程赶来的博士后李刈昆已在等着我们。邱老师最近一次来泗洪是在 1986 年，33 年过去了，当我们傍晚时分从高速下来进入泗洪，他最大的感慨就是一切都发生了巨大变化。他说那时整个县城最高的建筑就是三层，县委招待所也是平房，而现在二、三十层的高楼随处可见。邱老师想缅怀一下县城的旧貌，可问旅店的服务人员，却说一切都拆光了，并没有老街，更不用说老城了。不变的东西似乎也能觅得一点线索，比如这里曾经最有名的双沟大曲，一斤装的一瓶现在也只售 9 元钱，一瓶解渴的白水也要 3 元呀！

次日一早我们就出发了，首先去松林庄地点，位于天岗湖乡，也就是过去的王集公社。松林庄地点已建有古猿化石的保护园，所以能够在导航上搜索到。但当穿过一片片绿野、一座座村镇到达跟前，却由于田地分隔和果园围挡而无法靠近，反复打听了好一阵才找到通往纪念亭的路。就在这里，先是遇见一位村民，说明来意后他去叫来了村长，邱老师向他打听当年参与发掘工作的民工老潘。现在的通讯联系非常方便，一会儿老潘就来了，立刻认出了“老邱”，那快乐的场景，就像王维描绘的，“田夫荷锄至，相见语依依”。老潘是松林庄的老村长，现在已经退下来，不愿跟孩子搬到城市去，就在乡间的绿野间享受自在快乐的生活。很快，老潘的弟弟也联系上了，还有另外两位当时最年轻的，十几岁的男孩小潘和女孩小潘，实际上，松林庄的多数人都是潘姓家族的。邱老师记得两位小潘的眼睛特别好，总是能发现那些细小而重要的牙齿化石。小潘们都到泗洪县城里生活居住了，我们晚上回到县城再约相见。

邱老师他们 80 年代在此进行发掘后，这么多年地形地貌由于日新月异的建设已经发生了巨大的改变，我们此次就是来考察进一步开展发掘工作的可能性。松林庄是当时出产化石标本最多的地点，附近的另一个地点是郑集，具体的位置如果没有老潘的带领，我们完全找不到了。现在这里是水塘边的

1 淮河渡口
2 洪泽湖
3 戚嘴地点

一片稻田，一群群的白鹭在密集的水稻间觅食。当时在挖一条沟渠时暴露了原生的地层，从中通过筛洗的方法采集到大量小哺乳动物化石。

中午我们去了天岗湖乡上，原来的松林庄村已经拆迁，为建设光伏电站让路，大多数村民都安置到乡上来。光伏电站的规模非常大，太阳能电池板还覆盖了广阔的湖面。正在施工的技术人员说对湖里的生态和养殖没有影响，但村民说由于见不到阳光，养的鱼都明显发生了严重的鱼病。

离开松林庄，下一个地点就在双沟镇边上，邱老师的野外记录本上写明在“双沟镇东约 1 公里的引淮河道北岸”。虽然当时没有 GPS 能够测量精确的经纬度数据，但邱老师的记录本和他的记忆力让我们很快找到地点。恰巧，这里正在进行埋设管道的施工，原生地层得以暴露出来，是与邱老师当时记录的灰绿色泥岩完全一致的岩性，证明这个地点可以继续开展工作。

淮河和洪泽湖地区水面开阔、河网纵横，特别是开挖了大量渠道和引河，常常把人搞糊涂了。双沟地点所在的引河非常宽阔，甚至不像是人工开挖的，但实际上这条东西向连接洪泽湖的引河，其西侧的河道也并不是淮河，而是与淮河平行的一条更大的人工开挖的河流，叫做怀洪新河，由安徽省怀远县至江苏省洪泽湖，其目的是分泻淮河洪水。

历史上洪泽湖地区分布着一系列浅水的小湖。南宋建炎二年（公元 1128 年），为阻止金兵南下，东京留守杜充在滑州以西决开黄河堤防，造成黄河河道的颠覆性变动，黄河南徙经泗水在淮阴以下夺淮河下游河道入海。淮河从此失去入海水道，在盱眙以东潴水，原来的小湖扩大为洪泽湖，现在是中国的第四大淡水湖。

双沟引河南侧与其平行的还有一条相对较窄的引河，就在杨钟健先生最早记述的河狸化石的产地，即下草湾村边上。由于下草湾引河上的桥梁在维修改建，恰好把化石地点围挡在施工现场，我们沟通后才得以进去。但只能看见杂草包围的“下草湾人”纪念碑，看不到地层露头。下草湾人化石是在河狸化石地点附近发现的，但层位更高，是在中新世地层之上的晚更新世堆积中，为股骨的一段，其地质年龄为距今 5—4 万年。

在下草湾村对岸可以看见河岸有地层露头，那可能就是当初也发现了早中新世化石的戚嘴地点，但行政区划上已属于江苏省盱眙县。虽然就在对岸咫尺之遥，但由于下草湾桥在施工不能通过，我们不得不绕道十几公里。就是这段距离，却穿过了江苏省宿迁市泗洪县、淮安市盱眙县以及安徽省滁州市明光县。不过，下草湾引河南岸出露地层的地带还是属于泗洪县的，而离开河岸一、两百米就是明光县的戚嘴村了。戚嘴村周围都是田野覆盖，看不到露头，因此我们不能确定当时的“戚嘴”化石地点是在河岸还是村边。

之前另有一条简短的消息报道，文物考古队曾在盱眙县大嘴村发现新近纪的哺乳动物化石，由于不属于考古队关注的石器时期，因此尚未进行详细的研究。改天我们去寻找这个地点，导航指示的道路为何这么熟悉？原来正是我们绕道去戚嘴时走过的路。一查地图才发现，虽说是盱眙县，大嘴村实际上就在戚嘴村附近，离盱眙县城还有30多公里。不过，在我们反复寻找大嘴村地点的过程中，虽然有原来那篇简短报道中提供的GPS定位，但由于干沟水渠纵横、稻田鱼塘密布、树林灌丛茂密，不知道怎样接近地点。最终，我们的越野车跟上一辆拖拉机，希望找到一个可以停车的地方，然后下来徒步搜寻。谁知竟然这么巧，开拖拉机的人正是以往参加大嘴地点化石发掘的民工老张，他热情地带我们穿过树丛中的小道，来到化石地点。实际上，这个地点离戚嘴村更近，也可能就是之前我们一直未能确定的戚嘴化石地点。最后才算搞明白，大嘴村是行政村，而戚嘴是其下属的自然村，共同归盱眙县鲍集镇管辖。鲍集是邱老师当时听说过产化石的一个地点，而现在我们知道，鲍集、大嘴、戚嘴可能就是同一个化石地点的不同称呼，都没有错。

结束了在大嘴地点的考察，老张希望我们下次再来工作时一定跟他联系，他会放下手头的活来参加我们的发掘。甚至发掘时的吃饭问题都已经解决，老张邀请安排在他家，并且说，没有什么好招待的，就请你们吃点螃蟹。苏北的鱼米之乡确实是盛产大闸蟹的，记得解放前的报道说灾民靠吃螃蟹果腹渡过难关。不知何时何故，螃蟹变成了很多人推崇的美味。虽然我并不吃螃蟹，但螃蟹是否会真的加速我们下次再来的进程呢？开个玩笑。不过，大嘴地点应该有很好的发掘意义，在我们即将布局开展的泗洪化石进一步考察研究中，值得把它排在优先的位置。

2020年新冠疫情的暴发和传播使许多工作放慢甚至停下了脚步，不能外出的禁锢令人想念着野外考察，那些山山水水、绽放的野花和婉转的鸟鸣，是否依然如故？终于，在8月迎来了解禁的时刻，虽然还在常态化的防控之中，毕竟可以去亲近山野了。

一周前王世骐研究员率领的考察队已经出发，而就在我跟随着即将展开行程的前一日，他们在甘肃省甘南藏族自治州的合作市发现了重要的化石，一具犀牛头骨的后半部，保留有臼齿。甘南位于青藏高原东北缘被称为美武高原的区域内，虽然海拔与我们常去考察的青藏高原腹地还有差距，但3 000多米的高度也会让人的呼吸不如低地那样顺畅。从年初以来不仅没有开展过野外工作，平常也几乎都是口罩紧密遮蔽，在高原上的呼吸还需要重新练习吗？至少锻炼从未停歇，以便自己能够保持良好的体力。

多年来，我们在临夏盆地工作时，抬头就能看见南面高耸的太子山脉，那崔巍的山势让人想象上面定会是崎岖不平的地形。但当真的从大夏河流出的峡谷中顺公

俯瞰黄家水沟

明长城遗迹

路到达甘南州，才发现是相当平坦的高原面，牛羊悠闲、骏马驰骋的牧场一眼望不到边。实际上，太子山是拔地而起的高原边缘因为侵蚀而形成的参差不齐的地貌，与从八达岭登上延庆平原地带的过程类似，后者就是一个高原的微缩模型吧。

这种陡然的高度差通常由断层形成，从临夏到甘南就在山前地带穿过秦岭北深大断裂。关于秦岭北深大断裂的发生时间和错断距离众多学者有长期的研究，这条重要断层也与青藏高原，特别是其东北缘的抬升有密切联系。断裂以北的临夏盆地发育新生代地层，富含哺乳动物化石。而断裂以南的太子山脉由随断层抬升而起的晚古生代泥盆纪、石炭纪、二叠纪地层构成，在灰岩中赋存的珊瑚等化石顺沟谷的侵蚀而被搬运到临夏盆地的一条条小河中，成为当地人收集的奇石。这条断层不仅是地质上的界线，它还造成了南北两侧在气候环境上的巨大差异。临夏盆地干旱少雨，植被稀疏，而美武高原雨量充沛，针叶林和草原繁茂。

接到考察队传来的喜讯，一刻都不愿多耽搁，所以忙完了白天的工作，定了下午 4 点到兰州的航班，预计抵达中川机场后再疾驰 300 公里的高速公路，连夜就能赶到甘南州的首府合作市。中川机场是省会城市中离市区最远的机场，而从机场到临夏，过去必须穿过市区，那是一个交通拥堵的噩梦。去年终于修通的南绕城高速，从西固过黄河，到临夏就畅通无阻了。今天就将途经临夏前往合作，飞机准时于 7 点之前降落，我想 10 点过就能抵达目的地了。但事情并不总是如计划那样顺利，而原因让人啼笑皆非：来接我的司机是一位土生土长的兰州老师傅，但他竟然不知道有南绕城高速，也不会用导航，直接走到穿越兰州城的老路上，再续堵车的噩梦。

最后终于进入南面的高速公路，开始下起雨来，很快变成了滂沱大雨。在临夏盆地工作 20 多年了，这条道路非常熟悉，在夜里也能清楚地分辨任何地段。道路从兰州机场过来，依次会穿过黄河、洮河和大夏河。现在已经是全程高速，古老的汉藏通道正在日新月异的发展中。遥想在唐代甚至更早的时期，吐蕃正是沿着这条道路与唐朝开展茶马互市，也通过这里向长安发起进攻，而陇右节度使哥舒瀚率领唐军打退了吐蕃的袭扰，极大地震慑了他们的侵略野心，在西部的人民口中传唱起：“北斗七星高，哥舒夜带刀。至今窥牧马，不敢过临洮”。我常常把卢纶的《塞下曲》与《哥舒歌》串调：“月黑雁飞高，单于夜遁逃。欲将轻骑逐，大雪满弓刀”，也许两首歌、曲都形象地

1 从临夏盆地眺望美武高原
2 合作市的渐新世地层露头
3 甘南的山丘和农田
4 宏伟的齐家文化博物馆
5 齐家文化带刻画符的陶罐
6 踏勘清水营组地层

描绘了当年的征战和形势，真正的异曲同工啊！

虽然穿过兰州市区耽误了一些时间，还停下来吃了一碗有名的河沿面片，但开车的毕竟是艺高人胆大的老师傅，没有被雨水吓到，午夜时分抵达合作，与考察队汇合了。甘南藏族自治州首府的名字原来使用与藏语发音接近的汉字“黑措”，意为羚羊出没的地方，1956 年改为合作，既取藏语谐音，又象征民族团结和睦。将近 20 年前来过合作，就算是在夜里也能感受到城市像雨后春笋一般长高了很多。市区的海拔本已有 2 936 米，住在旅店的高层就超过了 3 000 米，不会增加高原反应的程度吧？

美武高原位于青藏高原东部边缘，高原面上有夷平后的中生代花岗岩出露，主要地层有二叠纪灰岩或杂色砂岩、页岩及浅棕、灰黄色的陆相新生代碎屑岩等，其上残留着古风化壳和突岩地形。我们之前在美武高原还没有找到过第四纪之前的化石，后来得到兰州大学同行在野外考察中发现的化石线索，王世骐立刻带队开展了初步的发掘工作，获得可喜的化石收获。今年是第二个野外季，我们组成了更加强大的队伍，果然有更加重要的发现。有意思的是，化石地点就在市区里，一条道路的护坡切开了渐新世的紫红色泥岩，我们就在这里开展发掘工作。下过雨的山坡上异常泥泞，滑倒摔跤是小事，还得非常小心以免跌下二三十米的高陡护坡，所以不断提醒队员们小心。

除了发掘化石，我们还到盆地内的各处新生代露头踏勘。得益于充沛的降雨量和近年来退牧还草的政策，美武高原和合作盆地到处都是一片翠绿，除了一些公路开挖的护坡，还真是难以找到更好的新生代露头，尤其是比较长的剖面。合作盆地的这套新生代地层被称作临夏组，是过去与临夏盆地新生代地层对比的结果。不过，在临夏盆地的“临夏组”一名早已不再使用，而是被细分为从渐新统到上新统的更多个组，包括他拉组、椒子沟组、上庄组、东乡组、虎家梁组、柳树组和何王家组等，每个组都含有不同时代的化石。在合作盆地的这套红色地层中发现的化石与临夏盆地椒子沟组的化石组合相同，因此判断其时代为与后者一致的渐新世。

留下一部分队员继续在合作盆地发掘，考察队将前往宁夏回族自治区海原县进行地层古生物调查，因为那里与椒子沟组层位相当的清水营组中也发现了丰富的哺乳动物化石，可以与合作盆地的新发现进行对比。我们首先从甘南到兰州，必然会途经广河县，也是我们在临夏盆地工作时的一个重点区域。过去常看见齐家文化博物馆的指示牌，但每次都因为任务匆忙而未能进

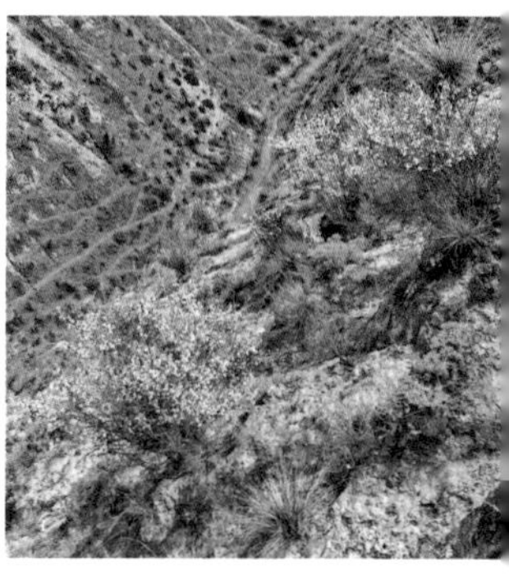

1 通往化石地点的崎岖小道
2 草地上空的乌云
3 始新世的寺口子组地层
4 干旱土地上绽放的锦鸡儿
5 水洞沟遗址的发掘工棚

去参观。直到去年五月，我们终于打算前去欣赏齐家文化博物馆宏伟的新馆，谁知那天是星期一，是全国博物馆例行的闭馆日，当然就吃了闭门羹，只能看了门外巨型的“中华第一镜”，即在齐家时期墓葬中发现的一面铜镜的超级放大模型。这次是周日，保证可以进馆得见珍宝了。

齐家文化因最早发现于广河县齐家坪而得名，是以甘肃为中心的新石器时代晚期文化，年龄为距今 4 200—3 600 年。瑞典地质学家和考古学家安特生在 1924 年发现了这处遗址，考古学家夏鼐先生 1945 年判定齐家文化比仰韶文化时代更新，古脊椎所的裴文中院士 1947 年经过考察研究确认齐家文化不同于彩陶文化，三位学者的大幅肖像现在都高悬在齐家文化博物馆的序厅中。正如我们在博物馆前看见的铜镜模型，齐家文化已经进入铜石并用阶段，之所以在其之前的仰韶或马家窑文化的彩陶式微，正是由于铜器展现的更高礼仪规格替代了彩陶的地位。当时的制陶业非常发达，先民们已经掌握了复杂的烧窑技术。在墓葬中发现的红铜制品也反映出生产力水平的提高，为后来青铜文化的发展奠定了基础。玉器得到尊崇，展品中就可见看见玉琮、玉璧等礼器。最有意思的是在素陶表面的刻画符号，是否是象形文字的发端呢？特别是在这里也发现了用于占卜的骨骼。

得益于纵横交错的高速公路网，现在的行程都非常便捷。我们在兰州稍作停留，与新来的几位队员会合，第二天一同前往宁夏。对兰州算是非常熟悉了，但还是有新的变化。我们从黄河上游方向的深安大桥跨到北岸，没想到依然是一片水泄不通的拥堵现场，花了一个多小时才前进到高速上。这样就很快了，尤其是在甘宁交界的刘寨柯，过去因为收费会排起长龙，而现在省际收费站已拆除，一路畅通。

我们到同心县安顿下来，宁夏地质博物馆宗立一高工等同行们已经等候我们多时。清水营组的化石地点虽然是在海原县境内，但离同心县城更近，所以我们这些天就住在这里。下午前往化石地点，从同心县城所在的平原地带向南部的山区边缘进发。这里是六盘山的北延余脉，海拔超过 1 600 米。随着盘山公路绕来绕去，感觉像是走向越来越偏僻的所在，其实当最后到达化石地点，发现抬头就能望见不远处高架起来凌空而过的高速公路。然而，另一个景象可能说明这里最近一直没有人类出现过，因为一打开车门，向黑雾一样弥漫的蚊子就扑面而来，它们已经在此等待猎物很久了。

又是红色的河湖相碎屑沉积地层，说明西北这一带在渐新世时具有炎热的气候，地层中所夹的丰富的石膏是又一个佐证。早在 20 世纪初期这套地层就引起了地质学家的关注，但一直没有发现能准确判定时代的化石。1956 年杨钟健院士等人报道了在灵武县清水营发现的渐新世巨犀动物群化石，这一带的地层时代得到初步判断。直到八九十年代，古脊椎所的王伴月研究员与宁夏地质矿产勘查院的同行合作，在海原县的清水营组中发现大量小哺乳动物，包括食虫类、兔形类和啮齿类的化石，其渐新世的时代属性确定无疑。这次在清水营组中发现的巨犀动物群有多个层位，并且有较高的物种多样性。在甘肃临夏盆地东乡县的椒子沟组中就发现存在 3 个属的巨犀化石，看来在渐新世时期，这些最高体重可达 24 吨的地球上最大的陆生哺乳动物在中国的西北偏北，一直延伸到蒙古高原的地区到处游荡。

同心县则以中新世中期的铲齿象动物群闻名于世，尤其是丁家二沟地点，产出了非常丰富的化石。最开始这套位于渐新世清水营组之上的中新世地层被命名为红柳沟组，由于后来发现重名，现在被更名为彰恩堡组。自 20 世纪 70 年代末古脊椎所的学者首次报道了丁家二沟一带发现的以长鼻类为代表的中新世哺乳动物群以来，丁家二沟动物群便成了国内外新近纪地层古生物学研究的热点。自 80 年代之后，国内外多家学术科研机构在该地区进行了不同程度和规模的化石发掘及地质考察工作，发现了大量保存完整精美的哺乳动物化石，采集化石的地点多达十余处。

同心铲齿象动物群中除了多样化的长鼻类化石，如铲齿象（*Platybelodon*）、锯铲齿象（*Serbelodon*）、原互棱齿象（*Protanancus*）、隐齿象（*Aphanobelodon*）、嵌齿象（*Gomphotherium*）、扁齿象（*Amebelodon*）、中新乳齿象（*Miomastodon*）等，还有上猿（*Pliopithecus*）、半犬（*Amphicyon*）、戈壁犬（*Gobicyon*）、中鬣狗（*Percrocuta*）、桑桑剑齿虎（*Sansanosmilus*）、库班猪（*Kubanochoerus*）、利齿猪（*Bunolistriodon*）、西班牙犀（*Hispanotherium*）、爪兽（*Chalicotherium*）、皇冠鹿（*Stephanocemas*）、西班牙麝（*Hispanomeryx*）、始羚（*Eotragus*）、土耳其羚（*Turcocerus*），以及食虫目、兔形目和啮齿目的大量小哺乳动物化石。

我们首先考察了黄家水沟，这是一条在开阔地带下切的深沟。接近沟沿的地方并没有路，但考察队近年来在此工作留下的车辙还能分辨出来，不过得非常小心地驾驶，因为水土侵蚀形成的沟壑稍不留意就会使越野车倾覆或陷落。好在司机师傅们都很有经验，顺利地把全体考察队员送到沟沿，我们再徒步从陡峭的沟壁逐渐下降到沟底。在这里可以看到以彰恩堡组为主体形成的向斜的一翼，该组上部含有石膏，风化跌落到沟底经水流冲刷，晶莹剔透，在太阳的照射下闪闪发光，老远就能看见。

这里属于西北的极度干旱区，沟中只有偶然在雨后的暂时性流水，所以我们在沟底穿行并无太多障碍。常常看见一团乌云在阵风的裹挟下气势汹汹而来，但雨点都没有洒下几滴，又烟消云散了。由于缺少雨水的滋润，沟壁上不多的锦鸡儿都生长得非常低矮，只有耐旱的沙蜥不时飞快地从眼前一窜而过。为保持水土，在沟顶坡梁上曾经开垦过的大片庄稼地现在已退耕还草，给野鸡们创造了优良的生存环境，我们经过时常常能看见一两只飞起。

此后，我们又调查了印子岭和最有名的丁家二沟地点。在印子岭看见规模巨大的养牛场，圈养的方式保护了脆弱的植被，也极大地改善了村民的生活。丁家二沟的村民则大多迁移到自然条件更好的平原地带，只留下村名的标牌竖立在原地。我们还向北连续观察了清水营组和寺口子组，对各个组间的接触关系有了更深刻的认识。站在红色的新生代地层上向北望去，那高低起伏、错落有致的白色风车阵蔚为大观，正在将电流源源不断地输出。

经过详细的踏勘，考察队接下来将进行详细的剖面测制，可惜我另有公务不得不提前离开。作别的前一个夜晚是七夕，天空晴朗透明，新月清亮如钩，一缕缕纤薄的云彩若隐若现，群星镶嵌在蓝黑色的背景上熠熠生辉。遥远宇宙深处的银河，离同心很近的宁夏首府银川，20 世纪 40 年代人们在取名时是否有某种联想呢？在遗憾地暂时停下流连山野的脚步之前，途经银川机场时会得到一个惊喜的补偿，就是去感受紧靠机场附近的水洞沟遗址。

次日一早与考察队话别，驱车北行，心有所期。高星研究员带领的由众多单位组成的考古队克服疫情的影响，今年已在银川东南、黄河右岸的灵武市水洞沟遗址发掘好几个月了。这可能是交通最便捷的一个大型旧石器考古遗址，不仅位于省会近郊，邻接机场，而且高速公路的出口只有咫尺之遥。这个遗址的奇特之处还在于，它同时包含两个国家重点文物保护单位，即水洞沟旧石器遗址和明长城遗迹。在充分保护文物的前提之下，这里已建成一个热闹的旅游景区，蜂拥而来的公众在感受壮观的黄土高原沟壑地貌的同时，还能深入了解考古工作、认识文物陈迹的丰富内涵。

我一到水洞沟遗址，就在高星研究员和景区负责人的带领下详细了解了正在进行的发掘工作，并且考察了多年来历次发掘留下的精细剖面，还在博物馆通过一件件石器和化石回顾了水洞沟遗址的历史。自 4 万年前人类在此繁衍生息，到将近 100 年前古生物学家发现这里的史前文化遗址。1923 年，法国学者德日进、桑志华首先通过发掘，出土大量石器和动物化石。1963 年，被称为“中国旧石器考古学之父”的裴文中亲自带队，再次进行了发掘。近年来古脊椎所持续至今的一系列发掘，最终使水洞沟成为东亚最著名的旧石器时代遗址之一。

傍晚，从飞机的舷窗望下去，我还在试图辨认水洞沟的位置。这时，金色的夕阳正在黄河西岸的贺兰山脊缓缓落下，“长河落日圆”，这不正是王维当年看见的壮景吗？唐开元二十五年，即公元 737 年，王维以监察御史奉命从军出塞。通常认为他是在赴凉州途中所作《使至塞上》，但尾联“萧关逢候骑，都护在燕然”中的萧关就在银川正南方向固原的六盘山山口，从这里北去蒙古高原现称杭爱山脉的古“燕然”恰是正道。历史在滚滚流淌，但一些事物是永恒的，就像此行见到的岩石和化石、石器和陶器，以及长河和落日。

2020 年 9 月 20 日

大半年来疫情的阻挡，近半个月雨情的推延，今天终于出发了。这是第二次青藏高原综合科学考察研究和泛第三极先导科技专项古生物考察队今年的任务之一，我们将沿云南、四川、西藏、青海一线做长距离大范围的野外调查。

考察的第一站是丽江地区，我们从北京乘飞机抵达。1999 年，也就是 21 年前，我到过丽江。俗话说七年之痒，而这已是三倍的时间，心里当然更是痒痒的想故地重游。1999 年正值 1996 年 2 月 3 日的丽江大地震刚过去三年，让人惊叹的是城市已从灾难中恢复过来。更加神奇的是，地震之前的一个普通小镇，凤凰涅槃般地变成了一个崭新的“古城”。我还记得当年写下的印象：“小桥流水傍人家，绿树婆娑点染花。乐府门前松叶软，幽幽古调传琵琶。”

我们此行的目的当然不是去调查丽江古城有多“古”，虽然还真有云南省考古研究所的高峰研究员一道

咆哮的高山溪流

尼西乡的绿野

参加云南段的联合考察，也得到丽江市文化和文物部门的大力支持。作为古脊椎所的研究目的地，丽江在古脊椎动物和古人类方面都曾经有过重要的发现。

1960年和1963年，古脊椎所的研究人员在丽江木家桥进行过调查和发掘，随后从云南省同行在当地采集的第四纪哺乳动物化石中识别出3根人类股骨。一看见木家桥这个地名，大家必定会联想到丽江的木府。确实，作为在丽江从元朝到清朝统治了470年的土司，这个木姓家族在丽江的人文历史中留下了许多印记。更重要的发现来自1964年，还是在木家桥，一具相当完整的人类头骨化石出土。经过研究，表明这具头骨代表了一个少女，其生活的时代为更新世晚期，年龄约为距今2.5万年。1984年在木家桥附近还发现了石制品，包括石核、石片、砍砸器、刮削器和石球。

在丽江的另一个地点象山，这里发现了更加古老的化石，代表了始新世时期的哺乳动物群。丽江盆地自1962年首次发现始新世哺乳动物化石之后，已成为我国陆相地层和古哺乳动物工作者瞩目的地区。1972年和1983、1985年古脊椎所的前辈们在象山采集的大量哺乳动物化石表明，这个动物群的多样性相当丰富，尤其是奇蹄类。在已研究的19个化石种中，奇蹄类就有13个种，占动物群的近70%。其中发现了不少新的类型，例如，还用丽江这个地名来命名新的属种，如张氏丽江兽（*Lijiangia zhangi*）和丽江锥炭兽（*Anthracothema lijiangensis*）。丽江兽在进化上有重要的意义，它是一类早期的奇蹄动物，处在貘和犀分离的关键阶段，并不能明确地归入貘类或犀类。锥炭兽属于偶蹄目中已灭绝的石炭兽类，与现生的河马具有密切的亲缘关系。

在飞机降落前可以清楚地观察丽江坝子，其面积达200平方公里，平均海拔2 466米。它发育在玉龙雪山以东，是丽江的人口稠密地区，阡陌纵横，村镇棋布。一块块肥沃的农田，一片片润泽的湿地，构成了一个人与生物和谐相处的乐园。我努力从舷窗望下去，希望能识别出我们工作地点的地貌。

考察队马不停蹄，从机场出来到旅店放下行装，换上野外的装备，简单吃过午饭，在丽江文物部门负责人的指引下，就直奔第一个野外工作地点——象山。象山位于丽江市区北面，跟玉龙雪山比起来，它就是一座不起眼的小山。不过，象山的地层由下始新统的砾岩和上始新统的碎屑岩构成，这套砾岩支撑了丽江的历史发展，老街地面所铺的石材正是开采自这套色彩斑斓的砾岩。上始新统的碎屑岩被命名为象山组，产有丰富的哺乳动物化石。

然而，我们没想到的是，丽江最近这些年的环境越来越好，植被茂盛，剖面完全被覆盖了。穿越荆棘丛林的困难还不是最大的，隐秘的草丛中是否有毒蛇？还真让人有些担心。不过还好，这一次的考察队伍是清一色的男同胞，体力和胆子都更大一些。经过不懈努力，不仅攀登上陡崖，并且在补丁状分布的露头中找到了化石，首战成功，旗开得胜！

2020 年 9 月 21 日

毕竟秋天了，丽江又位于云贵高原上，早晚已有几分凉意，温度只到 10 多度。不过，中午的艳阳下紫外线非常强烈，让人还在夏天的感觉里。其实我们并不在意温度，此行考察队会在春夏秋冬中反复跳跃。而丽江的四季变化不大，倒是干湿季节分明，年均降雨量为 910～1 040 毫米，雨季集中在 6～9 月。我们最担心的就是下雨，正是 9 月的雨情让我们将原计划整整推迟了半个月才出发。

今天的第一个工作地点是木家桥古人类化石遗址，位于清澈的漾弓江边。从这里可以看到社会的巨大变化，经济建设日新月异。木家桥是一个古老的地名，名字所依的桥早已不存在，而 20 世纪 60 年代发现人类化石时建的桥叫团结桥，现在看起来已经沉淀了厚重的历史气息。因为就在这座桥的边上和高处，不仅有新的公路桥，还有蓉丽高速的双向长桥飞跨而过。

漾弓江依然在潺潺流过，但也可能有汹涌澎湃的时候，因为就在团结桥的下方建有一座现代化的水文站，随时观察着水情的变化，防范灾害的发生。丽江人化石发现于这条江的沉积地层中，那是一位十几岁的少女，是什么样的灾害或是事件让她香消玉殒于此地？不禁令人唏嘘。丽江盆地的晚更新世地层非常发育，其中含有一系列动植物化石，与丽江人一同出土的就包括剑齿象（*Stegodon*）、独角犀（*Rhinoceros*）、斑鹿（*Pseudaxis*）、水牛（*Bubalus*）等。我们还找到了高山栎（*Quercus*）的叶片化石，说明那时的丽江人就生活在跟今天一样的高山环绕的环境里。

我们正在青藏高原科考的路上，而上午在北京的科考总部举行了专题学习座谈会。得益于现在通讯和网络技术的发达，我在野外就能全程视频参会，从会上得到更多振奋人心的消息，也是对全体考察队员极大的鼓舞和鞭策！

还在 9 月雨季的末梢中，急雨时时来袭。今天还算不错，我们在野外露

1 考察队全体队员
2 俯瞰丽江坝子
3 雨后湍急的溪流
4 丽江老街的石板路
5 “丽江人”遗址

天午餐时阳光普照。谁知饭后刚收拾好，正上车出发去下一个地点蛇山，看见乌云扑面而来，就当是给我们洗车吧。我们下午在蛇山考察，松林挺拔，灌丛茂密。有时候队员之间找不到人了，“只在此山中，林深不知处”，电话打过去，才发现还不如高声呼喊应答更容易准确定位。蛇山的地层剖面中曾经采集到中国犀（*Rhinoceros sinensis*）的化石，但时代有中更新世和晚更新世之争。通过在蛇山各处观察到的剖面，我们更支持中更新世的观点。

在丽江，一不小心就撞上历史。我们在蛇山考察完更新世剖面下来，山下就是明朝所建的东元桥。1936 年 4 月，经过长途跋涉的红二军团在贺龙、萧克等人的带领下，翻越邱塘关抵达丽江城郊。4 月 24 日，红二军团来到东元桥时，从丽江县城赶来的 100 多名群众早已等候在这里，他们手举“欢迎义军”字样的彩旗，箪食壶浆迎接红军。红军长途跋涉突然看见一个小村里居然有这么多人迎接，非常感动。据原红二军团第 4 师 12 团团长黄新廷回忆说，“我们前卫部队到达丽江时，当地数百名群众代表在城南东元桥欢迎我们，这是部队离开湘鄂川根据地后，在新区第一次受到百姓自发主动的迎接，也是第一次见到这样军民团结鱼水交融的动人场面。”

是啊，云南的人民非常热情好客。听说考察队要来滇西，云南的同行和朋友都诚挚邀请和贴心推荐，让我们不要错过野生菌的华彩乐章。果然，每个饭馆都有野生菌的菜，可是同时墙上还贴着如何识别毒蘑菇的宣传告示。大概听说过太多云南人拼死也要吃山珍的故事，心里不禁打鼓，“老板，还是上一盘平菇吧！”

2020 年 9 月 22 日

经过两天的踏勘，我们已经在象山和木家桥两个野外地点精确选定了开展进一步工作的位置。今天的任务是采集筛洗小哺乳动物化石的砂样，期待增加始新世象山动物群和更新世木家桥动物群的多样性，尤其是过去在这两个动物群中缺乏小哺乳动物的化石记录。啮齿类、兔形类、食虫类等动物的牙齿非常细小，处在毫米级的水平，在野外很难用肉眼发现。而小哺乳动物的牙齿有时在特定的沉积部位相当丰富，是判断地层时代、重建环境背景的重要证据。

过去虽然困难，也只能贴在地面靠肉眼仔细搜寻。后来发明了筛洗的方法，就是将沉积物大量采集，用不同目级的钢筛叠套，在高压水流的冲洗下，保留最富集化石的粒级，最终将砂样带回实验室在显微镜下进行挑选。

但砂样不能随意采集，要保证其中有化石，所以采样之前必须有线索。发现完整的化石当然最好，至少也要有化石碎片。比如象山地点，我们已经找到了骨骼和牙齿化石，碎片更多，所以就可以采样了。随后我们继续转战木家桥地点，又采集了大量砂样。

得益于现在便捷的物流，我们采集的 2 吨多砂样立刻就能交由快递公司运走，不用跟随我们长途奔波，实际上越野车内也没有足够的空间可以安放。这让人不禁想起大航海时代，那些菲茨罗伊的贝格尔号一样的探险船一定被达尔文们的采集品压得不堪重负，当然，也就可以毫不夸张地说是“满载而归”了。

我们在野外寻找地点，有地形图、地质图、卫星图，还有 GPS 导航，但有时候还是找不到。怎么办呢？没准一问老乡，意想不到就解决了。

我们正在中岗村口徘徊时，迎面走过来一位纳西族大叔。哦，我自己都是大叔，该叫他大爷吧。“野老念牧童，倚杖候荆扉。田夫荷锄至，相见语依依。”我们随便一问，没想到他知道 20 世纪 80 年代考察队来发掘的地点。真是踏破铁鞋无觅处，得来全不费工夫。

在第一次青藏高原综合考察期间，古脊椎所就组成了考察队，于 1982—1985 年间，先后 5 次进入横断山地区考察陆相新生代地层，找寻和发掘了脊椎动物，尤其是哺乳动物化石。他们还发现了一些史前人类的踪迹，并系统地进行了环境样品的采集和分析，获得了前所未有的宝贵资料。他们曾在丽江地区进行考察调查，给纳西族大爷留下了深刻的印象。

其实大爷的纳西话我们是听不懂的，幸好有文管所纳西族的木建先所长陪同，可以给我们翻译。纳西语是汉藏语系藏缅语族彝语支中一种独立的分支语言，同彝语、哈尼语以及拉祜语等有着非常密切的亲缘关系。不过，纳西族东、西两种方言，分别以泸沽湖和丽江为代表，他们互相之间也存在沟通的困难。纳西语对应的传统文字是东巴文，但主要是纳西族所信奉的东巴教的经师使用。东巴文是一种象形文字，现在更多的是作为装饰，绝大多数纳西族人并不懂纳西文字。

虽然考察队还在丽江工作，但我们也随时关注着后续行程沿途的道路情况。就在我们到达丽江的同一天，9 月 20 日 12 时许，G5 京昆高速公路雅西

1 漾弓江畔的水文站
2 向河谷剧降的险峻公路
3 龙开口水电站之下的金沙江
4 松树下的野生蘑菇
5 踏勘地层（史静耸摄）
6 采集砂样

段姚河坝隧道出口处因山体垮塌致桥梁坍塌，造成道路中断。我们一边密切关注着抢修的消息，一边已开始规划绕道的方案。

2020 年 9 月 23 日

在濛濛的秋雨中出发，在瑟瑟的夜雨中归来，而天气配合着我们的工作，在白日里留出了多云的时间，让我们在轻风中圆满地完成了任务。

早晨又经过木家桥，就在近旁的徐霞客纪念馆的主人夫巴先生特意等着我们，因为他收藏了几件丽江人遗址的哺乳动物化石。纪念馆在古色古香的纳西族庭院内，我们没有时间欣赏精美的建筑，直奔主题，结果发现太巧了，但也是科学的规律。丽江人遗址在 60 年代曾出土了 3 种哺乳动物化石，剑齿象、斑鹿、水牛，而纪念馆只有 3 种化石，就恰恰是这 3 种，说明它们是当时的优势种群。

我们此行的长途跋涉，正好跟徐霞客心心相印，还是惺惺相惜呢？明朝崇祯十二年（公元 1639 年），徐霞客为考证长江之源，远游西南来到丽江，在丽江盘桓的 16 天时间里，饱览了丽江的风土人情，与木氏土司结下深厚的友谊，留下了一段有趣的经历。根据徐霞客日记记载，他在丽江已经确切了解到金沙江从西藏境内南流，到石鼓后转东北，绕过玉龙雪山而南返，再从鹤庆、宾川与永胜之间东下，最后进入长江的情况。

我们今天也从丽江出发，下降到永胜县的金沙江一带考察。驶离木家桥，先沿机场快速路的方向，朝鹤庆进发。鹤庆县属于大理市，处在与丽江毗邻的另一个盆地，或者用云南的称呼叫坝子。这个季节正是稻谷快要收割的时节，田野一片金黄。据说鹤庆坝子原为湖泊，有成群白鹤栖息，初建古城楼竖梁柱时，有双鹤飞至，象征吉祥，乃取名鹤庆。鹤倒是没有看见，但有成群的白鹭在稻田上方翻飞，稻子太密集了，“白鹭飞来无处停”，一派丰收的祥和景象。

离开鹤庆，向东沿金墩乡至中村乡的公路急速向金沙江河谷下降，海拔不断降低，气候环境发生明显的差异，最明显的就是出现了一丛丛的芭蕉树，显示出干热河谷的属性。盘旋曲折的公路虽然看着壮观雄奇，但抬头仰望似乎摇摇欲坠的悬崖峭壁不禁让人心惊胆战。好在我们确定崖壁都是坚硬的海相灰岩，稍稍稳定了不安的情绪。

1 青山翠谷
2 远眺程海
3 金沙江大拐弯
4 与木建先所长（左三）和热情的向导（左四）合影
5 在徐霞客纪念馆（长髯者为夫巴馆长，史静耸摄）
6 野外的询问
牛增裕院长（左一）、子宏科科长（右一）（史静耸摄）

我们一直到达金沙江的龙开口水电站，这是介于上游的金安桥水电站和下游的鲁地拉水电站中间的金沙江梯级开发的众多水电站中的一座，其水库的正常蓄水位为海拔 1 298 米，说明我们足足下降了 1 000 多米。金沙江在这里分隔了鹤庆县和永胜县，也就是大理市和丽江市的分界线。我们越过大坝下的桥梁，溯金沙江而上，前往永胜县的板桥乡。

我们今天的目的是考察三叠纪灰岩地层，在顺州镇板桥村的峡谷两岸峭壁都是这套地层形成的剖面。徒步攀登到半山腰的工作地点，降低的海拔让大家增添了均匀的呼吸，一个个队员都健步如飞。山谷中苍翠满目，一座座白色楼房散布的村庄错落其中，好一派田园风光啊！不过，通过与当地老乡的谈话，知道他们的生活还是相当艰苦，因为这里主要靠种植玉米，并不能获得足够的收入，很多年轻人甚至中年人都出去打工了。

回程没在走重复的路，经过程海沿攀枝花-丽江公路方向前进。据介绍程海位于断裂带形成的盆地底部，古为程河，为金沙江支流，后陷落为湖。如何陷落？从我们在山顶俯瞰的观察结果看，似乎它是由地震造成两侧山体崩塌形成的堰塞湖解释起来更为合理。

程海充足的水源使沿湖一带成为丰产的农区，在历史上就是边屯的重地。边屯文化，是永胜自明代以来的一种紧紧依托于农耕生产、体现农耕文明的农耕文化，其中最为重要的是洪武年间实施的“寓兵于农，屯民实边”政策，即“洪武调卫”，调派大量军户、民户进入永胜屯田戍守，开创了永胜农耕文明史的新纪元。直到今天，我们途经的永胜县三川镇依然是著名的滇西米粮仓。

在金安桥又过金沙江，我们开始沿 353 国道的盘山公路不断攀升。天已经完全黑下来，看不见外面的地形，但学生在对讲机里不断报告着通过第几个“发卡弯”，16 个、17 个、18 个……“这里的水路九连环，这里的山路十八弯”，都不止啊。等我们回到丽江，已经快到饭馆打烊的时间。等我们回到旅店，已经过了 11 点，赶紧写下今天的日记吧。

2020 年 9 月 24 日

我的家在四川宜宾，岷江和金沙江在这里会合，会合口的地名就叫合江门。更重要的是，合江门以下正式称为长江，或者说狭义的长江从宜宾开始。

之所以有狭义的长江，就是古人并不清楚长江的源头是哪里，或者是说有错误的理解。最重要的是，《禹贡》上说的“岷山导江”，被解释成岷江是长江的源头，这一观点误导了古人三千年。古代学者因拘于《禹贡》的神圣地位，甚至班固《汉书 · 地理志》中已有绳水即今金沙江、若水即今雅砻江等的记载，这些河流都较岷江为长，但岷江仍被尊为正源。直到徐霞客写下了“故推江源者，必当以金沙为首”，才发生了重大的改观。

而金沙江为何在石鼓发生了“发卡弯”一样的大拐弯，又直到中国地质学的奠基人丁文江在1914年亲自考察后才认为，原来自北向南流的古金沙江，被自东向西溯源侵蚀的古扬子江袭夺，不仅大角度转弯，并从此东流入海。近年也有新的观点，认为古金沙江在更早的时代由于构造隆升而阻断了南下之路，“大江歌罢掉头东”“东将入海随烟雾”。而这些观点的争议，很重要的是要确定哪些地层由古金沙江形成？这些地层的准确年代是什么？地层中保存的古生物化石证据对此有极大的帮助。

我们早上从丽江城内出发时，又在下雨。我寻思我们是否还有这样好的运气，到工作地点天就晴了？果然，快到石鼓时已看见远处云蒸霞蔚，更重要的是白色的云带缠绕在山腰，这不正是小学课本上学过的“有雨山戴帽，无雨云横腰”吗？我至今还记得。

抵达石鼓，阳光已经倾泻而下，我们立即向金沙江大拐弯凹岸一侧的荒山上攀登，寻找最佳的观察位置。近来的雨水使小路上长满了青苔，通过时得小心翼翼以免滑到。但路上也有奖励，秋天成熟的板栗落了满地，我们捡起来剥开吃了，一股清新的山野香气立刻弥漫开来。我们终于登上了山腰的平台，清晰地对大拐弯的特点有了直观的认识，成为讨论问题的基础。

石鼓也在红军的长征中具有非常重要的意义，与大拐弯对长江的意义相似，“道路是曲折的，前途是光明的”。1935年中央红军长征到达陕北，取得大规模战略转移的决定性胜利后，红二、六军团在贺龙、任弼时、萧克、关向应、王震等率领下，主动退出湘鄂川根据地。1936年3月30日于转战云贵途中，奉由朱德总司令签发的“北渡金沙江，北上抗日”的电令，这一路红军旋即从贵州盘县出发，开始了以抢渡金沙江为目标的战略行动。4月25、26日红军分别经丽江县城和九河镇抵达石鼓，迅疾从五个渡口昼夜不停神速抢滩对岸，至28日18 000名官兵全军胜利渡过金沙江天险。

我很喜欢读哈里森 · 索尔兹伯里（Harrison E. Salisbury）亲历长征路后

撰写的《长征——前所未闻的故事》，此行也在行李箱中带着这本著作。他在1984年沿途乘车访问了当年红军男女战士们完全徒步走过的地方，并写道："金沙江附近一带道路十分崎岖，甚至到现在离金沙江大拐弯处20英里之内还没有一条南来的道路。如果长征老干部或历史学家想重访这一昔日的战场的话，他们也只能步行或骑骡子。"

但现代的道路已四通八达，经过石鼓的高速公路也正在建设中，人民的生活获得了翻天覆地的变化，古老的石鼓镇也俨然在山间水畔展示出全新的面貌。但江水滔滔、悬崖壁立的地形地貌仍然使平整的路面险象环生，我们的回程就被塌方堵住了。经过两个多小时的漫长等待，感谢工程抢险人员的努力工作，排成长龙的车流终于得以通过。

2020年9月25日

清晨离开了丽江，向此次考察研究的第二站迪庆出发。先在大理方向的高速公路走一段，然后转到214国道，并行而在高处通过的丽江到迪庆高速公路正在向竣工靠拢，已经能看到立好的指示牌，写着"香丽高速"，这名字典雅得有点肉麻啊！"丽"当然是丽江，这"香"从何而来？大家都已经知道了，是迪庆藏族自治州的首府香格里拉市。2001年之前还没有这个名字，那时叫中甸县，这又是一个华丽转身的经典故事。

香格里拉（Shangri-la）是1933年英国作家詹姆斯·希尔顿（James Hilton）在小说《消失的地平线》（Lost Horizon）中描述的一个世外桃源似的乌托邦，位于喜马拉雅的雪山怀抱，富裕祥和、逍遥自在，各种宗教和平相处。小说一经面世，立即受到西方世界的关注和追捧，寻找香格里拉成为许多人的梦想。先是巴控克什米尔的巴尔蒂斯坦（Baltistan），后是尼泊尔的木斯塘（Mustang）分别被宣布就是人们寻找已久的"香格里拉"，一时间游客蜂拥而至。这样的好事岂能让其专美，云南、西藏、四川等地藏区都搬出各种证据，说自己才是真正的"香格里拉"。最终云南省脱颖而出，2001年国务院批准中甸县更名为香格里拉县，2014年改为市。当然，也有不服气的，四川省就将稻城县的亚丁乡改名为香格里拉乡。

其实，希尔顿根本没到过藏区，也没到过云南，他倒是去过最早自称是香格里拉原型的今巴控克什米尔地区。根据希尔顿自己所说，他创作这部小说的灵感来自1924年开始长期在中国西南藏区探险的美国人约瑟夫·洛克（Joseph F. Rock）在《国家地理》杂志发表的系列文章和照片，也就是说完全是虚构的。更让人意想不到的是，富于神秘高雅的Shangri-la一词，并非来自藏语的香巴拉（Shambhala），而是来自汉语“山旮旯”的广东话发音。由于希尔顿曾在香港大屿山居住过一段时间，他用山旮旯一词的含义，即山上与世隔绝之地来命名其虚构的世外桃源。“你可知Shangri-la不是我的真名姓，请叫我一声中甸！”唉，为了更好的发展操碎了心，就像俺们村的小伙子铁蛋儿，进城在理发店打工改叫“Tony老师”了。

不管是中甸还是香格里拉，行车路线是不能马虎的。我们一直沿金沙江河谷行驶到海拔1 853米的虎跳峡镇，然后开始向海拔3 280米的市区连续盘旋攀升。山路最重要的是刹车，特别是迎面而来下山的卡车，所以这里的服务区就直接叫加水站，为卡车补充刹车降温水。也有有趣的事，路旁一家饭馆挂着“古道热肠”的牌子，原来是茶马古道火爆肥肠专营店。车到山顶，大雾弥漫，能见度只有两三米。但公路还不是全封闭的高速，所以交管部门没有办法把车拦下来，也不能停在路边，摆上三角警示标也看不见，就只能小心翼翼继续前进。

中午时分抵达藏色藏香的迪庆州首府，在旅店迅速安顿下来，午餐后先去地方部门办理有关考察的通报手续，然后立即继续沿214国道向第一个工作地点，中甸县尼西乡叶卡村进发。确实像高山峡谷中的世外桃源，尼西乡到处都被松树林和青稞田覆盖，一座座铅皮顶、白灰墙的藏式楼房组成的村庄错落有致地分布在山谷之中，也包括我们的目的地叶卡村。

在森林的一处略微稀疏的地方暴露出沉积的泥砂质地层，是早更新世的模鼠（*Mimomys*）、原黄狒（*Procynocephalus*）、鬣狗（*Hyaena*）、后猫（*Metailurus*）、狼、马、鹿、羚羊和牛等化石的富集地。我们一直工作到6点太阳西下之时，再驱车一个多小时返回市区，为明天重返现场做好更充分的准备。

2020年9月26日

回到满目苍翠环抱的叶卡村，空气沁人心脾，在3 000米的海拔攀登也觉得轻松，心旷神怡的力量是不可小觑的。不过，正当我们还有些得意自己

1 无雨云横腰
2 石鼓小镇
3 白色的村庄
4 红军渡江纪念雕塑
5 路遇堵车
6 进入“香格里拉”
7 在尼西乡叶卡村
开始工作

的身体状态之时，旁边走过步履轻盈、笑语嫣然的藏族女子，她们也要攀登到松林的高处，去采集这里的山珍——松茸。看她们的样子似乎毫不费力、轻松自如，我们全队的男子汉则是自愧弗如了。

不到云南都会听过太多关于松茸的传说，简直被描绘成人间的极品美味，自然也就价格不菲。到了云南省，才知道采松茸要去迪庆州，而在州上又听说是在中甸县，特别是尼西乡，比如叶卡村，最终是产在松树林。我们就在这里的松树林里寻找发掘化石呀，怎么没顺便看到松茸？蘑菇满地都是，是我们不认得吗？最后一问，没错，是在松树林里，但却是在松树林靠近山峰顶的地方。算了吧，我们还是安心做我们自己的工作。

松林中也不寂寞，除了婉转的鸟鸣，一整天里都有清脆的牛铃陪伴着我们，有时是独奏，更多的时候是合奏。它们隐身在松林后，常常是只听铃声不见牛。然而神奇的是，傍晚我们收工的时候牛儿们也自己回家了，每只都会准确找到主人家，还会在门口摇动脖子上的铃铛，等待主人听到后来开门。

一整天陪伴我们的还有时大时小、似有似无的雨水。迪庆跟丽江一样，也是干湿季节分明，而雨季比丽江还要晚一个月才结束，直到10月都是雨量充沛，所以我们遇见的天气状况并不特别。我们已做好充分的准备，带够了雨具。“莫听穿林打叶声，何妨吟啸且徐行。竹杖芒鞋轻胜马，谁怕？一蓑烟雨任平生。”是啊，竹杖芒鞋都不怕，我们有越野车和登山鞋，就更不怕了。实际上，队员们并没把雨水放在眼里，每当越下越大时，大家都把雨具用来保护我们携带的设备和采集的标本。

山里的日落比平原要早得多，但我们总是充分利用阳光。等到终于收队路过村子时，看见松茸也被采集下山了。实在是外形毫不起眼的野生菌啊，无论模样还是色彩，我们看见的比它漂亮得多的数不胜数。不过大家都说气味很特别，我闻起来也就是蘑菇味嘛。

毕竟是在产区，价格不会太离谱，晚上我们就在餐馆点了号称“刺身松茸”的一盘野生菌。说实在的，跟以前吃过的干货松茸感觉一样，就是味同嚼蜡。是四川人说的“山猪吃不来细糠”吗？我最后蘸了辣椒酱才算是把生的新鲜松茸片咽下去。要让我选择，还是“刺身”黄瓜更适合自己的口味。我以前一直不知道“刺身”到底是什么意思，想象中大概跟纹身差不多，厨师在鱼身上像刻西瓜盅一样雕上图案吧。蘑菇怎么雕图案？特意一查，才知道哪里是雕刻的事，是日本人切鱼片之前去了皮，有些鱼没什么特征就认不出来了，所以在鱼片身上刺一根挂着鱼皮的签子以便客人识别。没想到“刺身”一词现在扩大打击面了，生吃的都是？也不是，贵的才叫刺身，便宜的叫凉拌，譬如拍黄瓜。

其实在野外考察期间，吃饭只是一项任务，抓紧吃完，晚上还有很多工作要做。各个队员都有自己的专门业务，整理野外记录，核实观察结果，还有写文章的工作不能停下来，如果有校样来了修改的时间一点都不能耽搁。“每日归来下夕烟，签纸详填，图纸精编。”更重要的是大家都要集体参加对当天采集标本的登记装箱工作，不管干到多晚都不能推到第二天。当然，这是一项快乐的工作，说明我们收获满满啊！

2020 年 9 月 27 日

这次的野外考察由倪喜军和李强两位研究员组织设计，他俩都有丰富的野外经验，特别是精心选定的筛洗砂样采集点从不落空，也必定会弥补早更新世尼西动物群小哺乳动物化石稀少的缺陷。进入到采样阶段，都是高强度工作的时刻。采样地点在半山腰上，远望过去只是森林高处的一个小白点，而每袋几十公斤的砂样全部要人工扛到山脚，因为车只能开到这里。在采集砂样的过程中又发现一些大型哺乳动物的化石，包括食肉类和有蹄类，证明当时这个动物群的多样性相当高。

迪庆所处的横断山地区，现代的生物多样性也非常高，是全球生物多样性热点之一。在我们的工作地点周围就是鸟语花香的迷人世界，假如童年的鲁迅来到这里，一定觉得比百草园有趣多了，他应该会这样写道：

不必说碧绿的松林，光滑的石板路，高大的云杉树，鲜红的栒子；也不必说鸣蝉在树叶里长吟，矫健的岩蜂伏在葵花上，轻捷的仔仔黑（山雀）忽然从草间直窜向云霄里去了。单是周围的短短的崖壁根一带，就有无限趣味。油蛉在这里低唱，蟋蟀们在这里弹琴。翻开石块来，有时会遇见蜈蚣；还有斑蝥，倘若用手指按住它的脊梁，便会啪的一声，从后窍喷出一阵烟雾。何首乌藤和野葛藤缠绕着，野葛有豆荚一般的果实，何首乌有臃肿的根。有人说，何首乌根是有像人形的，吃了便可以成仙，我于是常常拔它起来，牵连不断地拔起来，也曾因此弄坏了木栏，却从来没有见过有一块根像人样。如果不怕刺，还可以摘到覆盆子，像小珊瑚珠攒成的小球，又酸又甜，色味都比桑椹要好得远。

我们确实在摘野果子吃，这个时节最多的就是川梨（*Pyrus pashia*），也叫棠梨刺，树上挂着累累硕果，虽然小巧袖珍，但完全是梨子的形态，也是梨子的味道。飞禽走兽也在忙着采食，尤其是松鼠，一定是在为即将到来的冬季储藏食物，小小的身形，竟然来来回回地搬运硕大的核桃。鸟儿们不会储存，只能不停地吃个饱。最多和最聒噪的就是白头鹎（*Pycnonotus sinensis*），在各种浆果的枝头飞来飞去。

在野外，吃的东西还不是最重要，中午饿一顿关系也不太大。水才是最重要的，尤其对我而言，登山的过程中习惯于不停地喝水。很佩服一些队员，可以喝够水才上山，然后坚持到下山来猛喝一大瓶。昨天我就没有带够水，这对我来讲是极少犯的错误，却没有对自己的错误负责，向别的队员要水了，感觉像是借走了战友的枪一样，非常惭愧。今天就牢记住，背了三瓶水上山。

这不禁让我想起了已故的北亚利桑那大学的美国同事董维霖（William R. Downs）先生，我们在一起出野外时他总是背着巨大而沉重的背包。我问过他包里为什么装这么多，他说，只要哪一次在野外发现忘了带某件工具，从此以后他就将其装在背包中永远不再拿出去。有一次我和他在敦煌乘飞机，安检一定要他把这个托运的背包打开，结果一百多件工具铺开来，简直像是一个“武器库”。虽然都是符合安全标准的物品，还是让安检员大吃一惊。

品尝秋实的故事还在继续。晚上在餐厅，老板娘向我们推荐了店里自制的青梅酒和五味子酒。青梅煮酒，那得是英雄才能喝啊！老板娘又拿来了制酒用的新鲜五味子（*Schisandra chinensis*），晶莹圆润，鲜亮夺目，这果子倒可以尝尝。啊呀，大家连呼后悔！怎么形容？真是五味杂陈啊，怪不得叫五味子。

2020 年 9 月 28 日

我们在考察途中也肩负着宣传青藏科考意义，普及科学知识的义务。就在我们采样装车的时候，一些村民不理解，认为砂样中有宝贝，把他们的财富运走了。除了耐心向村民解释，我们还积极与乡上联系。

考察队员与化石地点所在的新阳村村总支书记鲁茸旺扎、监委会主任七林拉次、驻村工作队员郜奇仕、叶卡村小组支部书记七主、小组长七里定主和部分村民进行了交流，向他们介绍了第二次青藏高原综合科学考察的战略定位和科学意义，以及此次古生物考察队野外工作的内容和目标。随着青藏高原的隆升，位于高原东南边缘的横断山脉在新生代时形成了很多山间盆地，这些盆地不仅记录了高原隆升与山脉形成的历史，也通过古生物化石的形式定格了古生态环境的一个个瞬间。旺扎书记这些年轻的基层干部，不仅工作经验丰富，而且有着很广阔的视野，与考察队员进行了深入的交流，探讨了很多关于高原隆升、山川形成、人与环境和谐发展的问题，令人印象深刻。旺扎书记等希望我们大家能够保持联系，以便把科考的研究成果第一时间传播到乡村和小组，为环境保护和生态经济发展提供科学依据。七主支书和七里小组长等也对科考活动非常感兴趣，表示会把国家发展基础科学研究和开展科考的重要意义向村民进行宣讲。

感谢大学生村官鲁茸旺扎和各位乡村干部，他们在农村工作中积累了扎实的经验。通过他们的协调沟通，村民理解了青藏科考的重要意义，我们也能顺利地继续开展工作。扛砂袋是异常艰巨的工作，可村民不让扛时大家还非常沮丧。重获机会，大家扛得更欢了！通过交流，考察队员都感到，在科考的过程中能把科普活动带到田间地头，为提高村民的科学素养做一点点贡献，这也是很值得自豪的事情。

在地域广袤的迪庆州，山高谷深，气候多变，过去乡亲们世世代代生活在这里，主要是靠天吃饭。绵延的山脉、耸立的雪峰，长期使这里的村寨与世隔绝，从而也保留下了原始的风貌和纯朴的文化，这似乎是外来的旅行者希望看到的。但这里的人民也渴望过上现代化的生活，也期盼走出大山，到外面的世界去看一看。

迪庆州积极统筹好生态文明建设与脱贫攻坚的关系，在绿色发展中消除贫困、改善民生，逐步实现增绿又增收，生态建设与精准脱贫双赢。现在，叶卡村已与迪庆全州的各个村寨一道顺利脱贫。不仅全村的村民都住上了宽敞明亮的藏式楼房，家家都有汽车，更没想到的是，叶卡村里竟然有一座全玻璃幕墙的室内灯光篮球馆。

望着篮筐不禁遐想，“单手过人运球，篮下妙传出手，漂亮的假动作，帅呆了我”。一下子回过神来，这里是海拔 3 000 多米的高原，何况队员才刚扛过砂袋，还是歇着吧。不过，耳边似乎响起了嘲笑的声音，“别窝在角落，懂不懂篮球？有种不要走！”

1 半山腰的采样地点
2 悬崖上人工放置的岩蜂箱
3 雨中考察
4 新鲜的松茸
5 整理标本（时福桥摄）
6 鲜红的栒子

1 褶皱的地层
2 秋叶渐红
3 川梨的硕果
4 白喉红臀鹎
5 五味子
6 与鲁茸旺扎书记（后排左六）合影

我们当然要走，今天的工作还完成得特别漂亮。但真的有谁要留我们?装好车正要启动，突然飞来一只夜鹭停在车顶上，这可是从来没见过的场景，它是要表达什么意思吗?“凡我同盟鸥鹭，今日既盟之后，来往莫相猜。白鹤在何处?尝试与偕来。”

等我们从乡道转到国道，一匹牦牛头朝前站在并不宽阔的路中央，优哉游哉地摇晃着尾巴，还扭头看了看我们。它仿佛在问，敢追尾吗?从进化上说，有尾类是无尾类的前辈。好吧，反正我们的心情也不错，就算是在下输了。

2020 年 9 月 29 日

结束了在尼西乡叶卡村的工作，一袋一袋从山上扛下来的总共 4.5 吨砂样也通过快递运走了，我们对这个地区新生代晚期的生物和环境有了新的认识。今天的工作中又在剖面下层采集到更多的鱼类咽喉齿化石，结合沉积特征，说明其环境应为湖泊相而不是河流相。在早更新世形成的崇山峻岭、沟谷纵横的地貌中，分布着一些湖泊，湖畔是鬣狗、后猫、狼、马、鹿、羚羊和牛等动物繁盛的乐园。

即使到了新生代晚期，由于处在青藏高原东部横断山地区的构造活动带，在剖面下部的新近系地层发生了明显的褶曲和断裂。在从远处观察一个漂亮的背斜时，我注意到白色的悬崖上好像放置有人为加工过的原木段。难道是悬棺?从未听说过这里有悬棺的报道呀。赶紧跑过去观察，结果闹了乌龙，那是当地老乡为吸引岩蜂而为其制造的巢穴。采集野生岩蜂蜜曾是云南山区少数民族重要的经济来源，但过去用藤蔓制作绳梯或徒手攀爬悬崖的方式非常危险，而且用烟熏驱散岩蜂以采集其蜂蜜的手段既原始又粗暴。现在这样的人工巢穴与家养蜜蜂相似，是一种可持续发展的方式。

这套发生强烈构造变动的地层引起我们的特别注意，是因为其中含有两层褐煤。在云南禄丰和昭通的新近纪晚期褐煤地层中都曾发现过古猿的化石，在同一个地区自然而然会让人产生联想。不过，尼西的这套含煤地层此前并没有哺乳动物化石证据指示其准确的年代，是新近纪的上新世还是中新世都不能肯定，这正是我们今天采样希望解决的首要问题。

我们已连续工作了 10 天，又渐近国庆和中秋佳节，但考察队员们的干劲丝毫不减，在海拔 3 000 多米的高原上，似乎刚刚完成热身。确实，大家没有什么高原反应的问题，在气候变化多端的情况下，也保持着良好的工作状态。在我们工作的地点，下雨的时候山峰顶上都戴上了积雪的白帽。一会儿雨过天晴，温度又会上升到将近 20℃，队员们不仅撸起袖子加油干，小伙子们甚至只穿短袖了。在昼夜温差的巨大变化下，可以看见不同种类的树叶也在逐渐变红，秋色正浓。

今天还有一个意外的收获，或者说是奇遇。早上我们在盘山公路一处拐弯的地方看见一只鼠兔在路旁活动，这不算太惊奇的事，因为这里是高山鼠兔的分布区。而当我们下午返回时，一条蝮蛇被压死在这个弯道。考察队里的蛇类专家史静耸博士下车去采集来制作标本，没想到蛇的肚子鼓鼓的。回来解剖后发现，蝮蛇刚吃掉一只鼠兔就殒命了，该不是早上我们看见的那只吧？螳螂捕蝉，黄雀在后啊！也好，剥制后我们就增加了蝮蛇和鼠兔两件标本，作为研究化石的对比材料。

往返尼西的途中，每天早晚会两次经过纳帕海。纳帕海像一路过来看到的程海和拉市海一样，是一个湖泊，但却叫“海”。而云南面积最大的湖叫滇池，蓄水量最大的湖叫抚仙湖，都不叫海。这个季节是纳帕海水位最高的时候，但随着雨季的结束，湖泊会渐渐干涸，到明年春天就将变成一片茂盛的草甸，换了一个名字，叫做依拉草原。实际上，这是雨季和旱季气候模式下湖泊和草原的拉锯战，每年都会上演。有人说：“北京一下雪，就变成了北平”，这似乎没有什么逻辑关系，仅仅是意念吧。但在这里却可以说：“依拉草原一下雨，就变成了纳帕海”。不准确把握这样的气候，还会造成意想不到的后果。还是在去尼西的路上，可以看见宏伟壮观的高山滑雪场，当然现在是静悄悄的。但即使到了冬天，也还是静悄悄的。因为中甸在 11 月至来年 5 月是旱季，降水量仅占全年的 10%～20%，没有足够的降雪，而人工降雪又入不敷出，滑雪场因而已关闭了。

9 月的雨季不仅时常下雨，空气湿度也非常大，我们洗的衣服几天都干不了。正好，在野外还是想偷点懒，衣服就不要老换了。外套没事，就算是粘上了泥土，过一阵干后就自己掉了。衬衣总不能不勤换吧？然而完全没想到，穿了一天衣领看起来没有明显弄脏，就再穿一天，也还行，这在城市里几乎是不可能的事。一查空气质量，中甸的 PM2.5 只有 12，而且白天我们都在野外的森林里，空气就更洁净了。尽管我们取样时会掀起沙土，但那是 PM250，

1 纳帕海
2 金沙江峡谷
3 公路旁茂密的森林
4 给样品袋编号
5 搬运砂样
6 山村的室内篮球场
7 车顶的夜鹭

不会沉淀在衣服上，而可吸入颗粒物和可入肺颗粒物比城里少多啦。

2020 年 9 月 30 日

早晨一上车，导航里就响起：“全程 245 公里，行车时间 5 小时；弯道较多，请小心驾驶”，这预示着今天我们将有一趟艰苦的往返旅程。但更艰苦的是我们的四位司机师傅，我们可以在路上专注于观察地形地貌，困了还可以睡觉，他们则必须全神贯注。

四位师傅来自青海，是一家的老韩、大韩和小韩三位以及马师傅，多年来一直协助我们在青藏高原的考察活动，不仅技艺高超，而且富有野外经验。当我们此次考察在青海结束之时，也算是把他们送回家，感谢一路与我们共同奋斗。我们也有在云南起点聘请其他司机和车队的选择，但显然他们面临高原考验的风险更大，所以我们还是力邀青海的老搭档长途奔袭，强势加盟。

今天的道路确实是一个考验，并不仅是长时间的行程。一出中甸不远，通向维西的 215 国道就是一个急弯不断的连续 18 公里下坡，从海拔 3 400 米陡降到 1 900 米的金沙江边。“高江急峡雷霆斗”“金沙水拍云崖暖”，险峻壮美的山势水情让大家叹为观止之余，也禁不住感到心惊胆寒。

重又行驶在金沙江干热河谷，除了对高山上的滚石和悬崖上的危岩心有余悸，真正能感受到的不适其实是从秋天的凉爽退回到夏天的炎热里。一路体会到的热度还有水电建设的如火如荼，在江边连续不断地遇见建设工地和施工队伍，似乎金沙江的每一米落差都将被充分利用。

终于在其春大桥（连接西岸的其宗村与东岸的春独村）结束南向的顺流而下，跨过金沙江向西面的澜沧江前进。这个区域正是三江并流的舞台，其实也是它们作茧自缚的羁绊。随着青藏高原的强烈隆升，自恃水力如刀的三条江不断向地表深处切割，谁知它们从此被束缚在高山深谷中，怒江、澜沧江、金沙江变成了“以邻为壑”的典型。直到金沙江“幡然悔悟”，在石鼓掉头东向，成为亚洲的一条伟大河流。

三江并流地区被分为 15 个不同的保护区，代表了横断山脉生物和地质多样性的样本。我们就经过滇金丝猴国家公园，虽然它并不是此行的考察目标，但仍然能沿途看到金丝猴们的茂密森林家园。

跨过金沙江就进入了维西傈僳族自治县，路旁的农田也从我们前几天在

1 越野车穿行在山道上
2 在草丛中前进
3 在快递站托运砂样（左起秦超、巩浩、李强、时福桥）
4 硕果累累
五味子（4-1）、天南星（4-2）、曼陀罗（4-3）、酸木瓜（4-4）

中甸看惯的青稞变成了水稻。我们此行的目的地并不是维西县城，但路过时正好是中午饭点，所以决定进城去吃点热的。到了才发现，这哪里是想象中深山里的小县城，完全是一个现代化城市的模样。诸葛亮所谓的“五月渡泸，深入不毛”，那确实只是在遥远的古代里。看看街上饭馆的招牌，从兰州拉面到北京烤鸭一应俱全就知道维西县的发展步伐。更有与大城市一样的通病，让我们在全城竟然找不到一个停车位，而我们有 4 辆车，沿街所有停车位都被本地牌照的车填得无缝插针。其不可思议的结果是，我们无法在县城里停车吃饭，最后开到郊外去吃自带的干粮了。

午后继续前进，然而，修路、塌方、绕道，也幸好有村村通的水泥路面可以绕道，我们终于在 4 点钟抵达此行的目的地，维西县美光村达俄洛，距离我们出发已经 7 个多小时，距离澜沧江只有几公里。这些乡村小道虽然路面不错，但走向太飘忽了，最顶尖的山地拉力赛路书上都不会有这样的设计。幸好我们的师傅们技艺娴熟，他们是被野外科考耽误了的拉力赛车手。

我们沿着茂密的草丛接近化石地点，看着队员在秋天逐渐枯萎的蓬蒿中前进的画面，仰天大笑出门来，我辈俱是蓬蒿人？很高兴我们在蓬蒿中找到了剑齿象化石的产地，并且确认化石来自石灰岩溶洞中短程风化搬运的堆积物，为开展后续的考察研究工作奠定了基础。

村里热情纯朴的傈僳族老乡向我们介绍说，整个山都是宝，因为这里的所有植物都是中草药，果然随意看过去就能发现五味子、天南星、曼陀罗等等。老乡还特别推荐了酸木瓜，说炖鸡吃大补。那当然，炖鸡嘛，炖萝卜可能就不大补了。不过，老乡说的一个药效马上就应验了，他讲当地司机犯困时就啃一口酸木瓜。我们回到车上时，让正在休息的大韩师傅品尝一下酸木瓜，他果然大叫，什么味道？把我的瞌睡都酸掉了！

回程天已经完全黑了，当我们在其春大桥的西侧刚看见一轮皎洁的圆月升上东面的山脊，就一头扎进金沙江左岸的黑暗中，“自非亭午夜分，不见曦月”。只听得见江声更加澎湃，“洪荒世界，百分之七十都是水，湛蓝的旷野，在地平线渴望满月”，等待明天吧！

2020 年 10 月 1 日

客中双节，遥念亲人情更切。身处洪荒，未赴团圆各一方。

征程万里，猎猎旌旗风舞起。静感秋霜，夜冷边城冻月光。

——减字木兰花 · 青藏科考进行时

到处静悄悄的，街道上没什么人，马路上没什么车，而这是我们正常的出发时间。就在昨天，我们因要长途往返维西，所以提前半个小时在 8 点半出发，正撞上中甸城区的早高峰，堵得水泄不通，实际上花了半个小时才出得城来。仅仅过了一夜，国庆和中秋长假的第一天好像唱了一出空城计。其实人都在，奔波的上班族、辛苦的学生们，都要利用这长假好好休息一下，不用起早贪黑了。

我们则继续青藏科考的任务，今天调查中甸县的城郊。地点就在中甸的迎宾大道旁，也没有看见蜂拥而来的旅游车辆和人群。想想也是，从最近的丽江启程到迪庆的游客要中午才能到达，而昆明以远驾车从大理、丽江一线逶迤而来，第一天是不会到迪庆的。

我们就在第四纪的红色沉积物中仔细搜寻，线索来自 2004 年的一篇报道。其材料包括灵长类原黄狒（*Procynocephalus*）、啮齿类豪猪（*Hystrix*）、食肉类、奇蹄类云南马（*Equus yunnanensis*）、偶蹄类最后祖鹿（*Cervavitus ultimus*）、真枝角鹿（*Eucladoceros*）、云南黑鹿（*Cervus yunnanensis*）、麂（*Muntiacus*）、羚羊（*Gazella*）、丽牛（*Leptobos*）等，揭示了当时一种混合的森林–草原环境。动物群总体面貌与元谋人动物群和中甸尼西动物群相似，时代为更新世早期。该项研究由北京大学、迪庆州文物管理所和云南省文物考古研究所合作完成，迪庆文管所的老所长李钢参与了此项研究。李所长对第二次青藏高原科考我们在迪庆段的工作给予了很大帮助，并把他主编的《金沙江岩画发现与研究》赠送给我们，使我们受益匪浅。

而今天的考察由迪庆文管所年轻的潘高原所长担任向导，带我们来到当时的发掘位置。现在这里已是一所新建不久的学校，我们就在附近的一些露头调查研究。从化石地点的演变也说明了迪庆翻天覆地的变化，它现在已经建设成为滇西高原的一座重要城市。随后，我们到文管所观察了库房中收藏的迪庆州各个地点发现的化石，为我们下一步的考察工作提供了更多的线索。

今天是中华人民共和国成立 71 周年的国庆日，我们在潘所长的带领下参观了迪庆红军长征博物馆，使全体考察队员受到了一次震撼的教育。新建的博物馆围绕在中甸镇公堂这座古建筑的周围，红军重要的“中甸会议”就在

1 城郊的第四纪红色堆积
2 硕多岗河阶地
3 植物化石
4 热烈的现场讨论
5 红军标语
6 军民团结
7 中甸会议

镇公堂内召开。现在这里是全国重点文物保护单位，在 2014 年 1 月 11 日仅距 30 米外的独克宗古城大火中幸免于难。

我们此次考察的云南和四川段实际上几乎与红区长征的路线重合，尤其是红二、六军团的轨迹。1936 年 4 月 27 日至 5 月 3 日，在石鼓一线渡过金沙江的红二、六军团各师先后翻越雅哈雪山进入中甸。松赞林寺派人进城向贺龙首长等敬献了哈达及见面礼，贺龙亲自书写“兴盛番族”锦匾赠给寺院。锦匾一直保存至今，现在收藏在北京的中国革命军事博物馆，锦匾右端竖书的“中甸归化寺存”就是现在通常所称的松赞林寺。

5 月 3 日，在贺龙、任弼时的主持下，红军在中甸镇公堂召开党的活动分子会议，参加会议的主要人员还有关向应、李达、甘泗淇、张平化等。5 月 5 日，红军离开县城，向尼西方向进军，就是前几天我们采样的叶卡村所属的尼西乡。这是通往四川方向的重要通道，也就是现在的 214 国道途经之地。至 5 月 13 日，红军离开中甸县全境，进入四川省乡城县境内。红军在中甸的行程 405 公里，翻越 3 座雪山，经历两次战斗，160 多名指战员长眠于此。

由于在高原上，10 月初的中甸已经冷下来，而当红军在此的 5 月份，温度在 4～16℃之间。今天中甸的气温 6～19℃，晚上已经看到不少人穿上羽绒服了，但当时的红军远没有什么御寒的装备，大多数人只有补了又补的单军装，他们还要翻越雪山。曾带领野战医院参加长征的姬鹏飞后来对采访他的索尔兹伯里说：“牺牲的人很多，天气太冷，有些是冻死的，有些人根本喘不上气来”。缅怀那些英雄，珍惜今天的生活吧！

2020 年 10 月 2 日

在中甸工作的最后一天，依然非常忙碌。上午前往小中甸，调查硕多岗河的阶地沉积。小中甸有滇藏公路经过，高速公路和铁路也正在施工，看样子快要竣工了。交通很方便，从中甸过来仅需半个小时。小中甸是藏族聚居区，他们的房屋都非常漂亮，通常是石砌的两层楼，木质横梁全部精雕细刻，立柱则是硕大的原木。据说当地村民有指标，可以在严格控制的情况下采伐建房的木料。

“中甸”一名的来历就语焉不详，再加上一个小中甸。“甸”可能是彝语，意思是云贵高原为人所居的坝子或平地，但有人说“中甸”是纳西语的“土地”之意。藏语把中甸称为建塘，“塘”在藏语中也是“坝子”之意；而把小中甸称为洋塘，意为“又一块坝子”。

硕多岗河是金沙江左岸的一级支流，在虎跳峡下游汇入金沙江。在小中甸的阶地有巨厚的砂砾堆积，说明这个沉积盆地曾经有过强烈的下降时期，而现在的河流重新深切了这套沉积，显示有晚近的大幅度抬升。我们的目标是在砂砾堆积，尤其是在含植物化石的细粒层段找到哺乳动物化石，为地层精确定年，由此解释构造升降运动的具体过程。中甸—丽江地区位于青藏高原东南隅横断山中段的三江地区，处于扬子地台、松潘—甘孜褶皱系和三江褶皱系的结合部位，被认为是中国大陆构造最复杂的地区，因此对构造运动时间和期次的判断非常重要。

硕多岗河在我们观察剖面的地方形成了一个弧度优雅的湾，岸边是树林和草地，我们中午就在这里野餐。潺潺的小河流过，沧浪之水清兮，可以濯我手，还可以濯我们的苹果，恰似藏族乡亲过林卡一般。“林卡”在藏语中是园林之意，我们在青藏高原考察的过程中时常看见藏族同胞身着盛装，带着青稞酒和酥油茶及各种美味食品来到草地上或林荫中，搭起帐篷，边吃边喝边歌舞。耳濡目染，我们也尽情享受大自然中的野餐。

下午我们转到中甸—稻城公路 13 公里道班，考察上三叠统灰岩中的裂隙堆积。这些堆积形成于新生代，经观察可知有不同的堆积时代。在该地点发现的云南马化石在时代上代表更新世，在环境上指示温暖湿润的气候。云南马是在 1940 年根据在云南元谋发现的化石确定的，后来在缅甸和中国的广西、湖北、陕西、四川都有报道。

我们在滇西工作的地点总是有很好的植被，大片的森林，尤其是松林覆盖。也常常看见松鼠，有意思的是，松鼠们搬运的果实都是核桃之类，并没有见到它们搬松果。我们很好奇，打开松果检查，并没有发现里面有松子。那人类吃的松子是从哪里来的呢？原来产食用松子的是红松、华山松、白皮松等，尤其是东北的红松。至于我们在山上看见的油松、马尾松以及云杉等，它们的种子太小，不适合人类，也不适合松鼠。更令人想不到的是，世界上近七成松子原材料都会聚集到东北吉林的梅河口市，在这里经过加工后再卖向全球。

2020 年 10 月 3 日

中甸下雨了，真巧，我们今天离开，不惧风雨，而前几天我们野外考察

1 金沙江上的吊桥
2 险象环生的公路
3 青麦乡民居
4 河畔的野餐
5 白扦的松果
6 风格独具的隧道口装饰

期间老天爷都非常给力。跟我们一样早早出门的还有牛群，不过它们秉性不改，占道、逆行，不提示突然变线，我们只能耐着性子被它们压着走。

今天将从云南迪庆藏区的中甸沿着红军长征的路线，前往四川甘孜藏区的理塘。我们此次的青藏高原科考充分体现了民族团结的力量，考察队本身就由汉族、回族、满族、蒙古族队员组成。在考察的第一站，一直陪同我们在野外工作的丽江市文物科的子宏科科长，他是来自永胜县的彝族。给我们极大帮助的丽江市文旅局木世臻局长和古城区文管所木建先所长，从他们的姓就知道来自纳西族的木氏。木局长毕业于成都理工大学的地质专业，跟我们有更多专业上的交流。还有丽江市博物院的牛增裕院长，虽然他不是大研古镇常见的木姓、和姓，但他也是生于斯长于斯的地道纳西族人。在第二站迪庆期间，除了得到文管所藏族的潘高原所长和尼西乡的藏族干部群众的大力支持，还在考察维西县时邀请了美光村的现任和前任村长、两位傈僳族的李家大哥给我们担任向导。

红军在中甸会议上着重强调了党的民族宗教政策，我们今天在少数民族地区开展的科考工作得到有力的支持和帮助，续写了“民族团结一家亲”的优良传统。今天的一路上就体会了浓郁的藏族风情，连公路上的装饰都别具一格。从中甸直接到乡城 219 县道路况不好，我们就沿 215 国道多走近百公里，但实际所花时间更少。215 国道沿金沙江东岸上行，我们再次体会到山高谷深的壮美，同时对悬崖上的落石心有余悸。看着那些被钢丝网拦住的大大小小的石块，任何一块砸到车上都会造成致命的后果。随着我们的北行，云开雾散，天渐渐晴了，雨天有更多落石的险情得到缓解。

从尼西开始的一段 214 和 215 国道合并在金沙江东岸，然后 214 国道跨过金沙江沿西岸延伸，这个时候可以看见两条国道上的车辆在狭窄的金沙江两岸并驾齐驱的场景。由于路况的局部变化，导航在川滇交界的贺龙桥将我们引导到西岸的 214 国道，又从奔子栏镇依靠仅容一车通过的惊险吊桥回到东岸的 215 国道。

继续沿金沙江上行至定曲的汇入口后，215 国道就溯定曲而行，到古学乡我们再转向东行，沿金沙江二级支流硕曲河两岸的 003 乡道前进。这条路比金沙江岸的国道更加险峻，沿途不断有塌方后留下的破损路段，路旁的水泥隔离墩也被落石砸得布满了缺口，这条路因此被称为东旺崖路。我们不敢久留，仅在硕曲河上的去学水电站库区忍不住下车来观赏了一下碧绿的水面，就尽快驶离了。

这一地区川滇两省的辖区犬牙交错，我们离开中甸县的奔子栏镇后很快经登记检查后进入甘孜州得荣县境内，但在古学乡转为东行后又是中甸的东旺乡。直到在青麦乡看见一片片漂亮的白色藏房，才完全进入了四川的乡城县境内。离开乡城，开始沿 549 国道翻山，不断向高处攀登，最终在无名山垭口到达今日行程上的最高点，海拔 4 708 米。一条穿越无名山的隧道正在施工，很快将能便捷地通过这里了。

从无名山下来就进入了稻城县，自然地貌和人文风貌都发生了明显的变化，道路编号也更新为 227 国道。从开阔草甸逐渐演化成高山针叶林，而村庄里的藏房变成了花岗岩砌筑的灰色楼房，冰凉的雪山融水把河里的花岗岩巨石都搬运磨圆了。更加壮观的是，我们遇见了不可想象的旅游大军，从稻城的桑堆镇到理塘县的路上成千上万辆车迎面驶来，在不少地段造成了拥堵，因为目不暇接的美景让许多人停下车来观赏。好在我们是反向而行，终于在傍晚时分到达了海拔 4 000 米的理塘县城。

2020 年 10 月 4 日

理塘与甘孜州的巴塘和中甸的藏语名称建塘，共同组成康巴藏区有名的三塘，“理”在藏语中是铜的意思，理塘的含义就是“铜镜一样平坦的坝子”。元朝时设奔不儿亦失刚招讨使，这名字让人想起《西游记》里的“奔波儿灞、灞波儿奔”；明朝又置扎兀东思麻千户所，反正都不如它的藏语名字“理塘”简明好记。

理塘号称“天空之城”，有人说是世界上海拔最高的县城，其实并不准确。理塘的海拔 4 014 米，而四川的石渠县海拔 4 295 米，西藏的岗巴县海拔更高达到 4 960 米。海拔超过 4 000 米的县城还有不少，但确实都可以说是高与天齐了，似乎伸手就能摘下白云来。其实理塘自己的宣传语写的是“世界高城”，高，实在是高，但被有些人错误理解或有意夸张了。

在第一次青藏高原综合科学考察期间，古脊椎所前辈们组成的古脊椎动物考察队于 1982—1985 年在横断山地区反复进行调查发掘。他们在理塘的格木寺盆地发现了始新世的哺乳动物化石，包括雷兽、跑犀、两栖犀、石炭兽等，其中的理塘先炭兽（*Anthracokeryx litangensis*）正是用本地名字命名的新种。而在格木寺南侧的热鲁盆地则发现了始新世的桉树（*Eucalyptus*）、香蕨木（*Comptonia*）、黄连木（*Pistacia*）等常绿阔叶植物。结合动植物化石，说明 4 000 万年前的理塘地区是低海拔的热带或亚热带环境。

第一次青藏科考时在格木寺采集了奇蹄目和偶蹄目的化石，我们此次希望在原有发现的基础上，增加食虫目、兔形目和啮齿目等小型哺乳动物的化石，为重建始新世本地区的气候环境背景，并进一步推导青藏高原的隆升历程，提供全新的证据、刻画精确的细节。

格木寺盆地到理塘县城有一百多公里，每天往返的话太费时间，我们经过初步调查，决定把驻地搬到甲洼乡。旅店虽然简陋，但随意往窗外一瞥就是美丽的风景，令人心旷神怡。旅店还带有餐厅，主人一口亲切的四川话，队员们与他交流个别词汇有障碍时我还可以充当“翻译”，就住这里了。

回到了四川，不敢说空气都是甜的，至少饭馆里的川味是正宗的。在异乡为异客的时候，非常理解“停船暂借问，或恐是同乡”的心情。在云南时进川菜馆，总要问店主是哪里来的，说不定是宜宾的老乡呢？我们也常去清真餐厅，老板很多来自西北，那是我们多年来长期调查研究的地区，也很亲切。他们最多的是来自临夏或宁夏，分别是回族自治州和自治区，但对我这个四川人而言，实在听不出是临夏还是宁夏。必须问是哪个县，比如广河就是临夏，同心就是宁夏。

有些字的拼音我觉得很难区分，据说是因为四川人分不清前鼻音和后鼻音的原因。前几天我想为我们的考察队引用岑参的诗“男儿感忠义，万里忘越乡。马疾过飞鸟，天穷超夕阳”，就费了好一会儿周折才敲出诗人的名字。在我的拼音里，不是“回字有四样写法”，而是“岑”可能有四样拼法，cen、ceng、chen、cheng，而“参”也可能有四种拼写，sen、seng、shen、sheng，还要排列组合成两个字。当然正确的拼写只有一种，唉，我太难了。队里的北方队员们都笑话我，但记住一会儿，再过一会儿又分不清了。随着社会的发展，理塘也有越来越多的外地人面孔，他们旅游观光，甚至寻求发展。所以，这里的藏族同胞汉语说得越来越好，四川老乡的普通话也说得越来越标准。

“人潮人海中，有你有我”，还真的会有偶遇。2017 年《西藏人文地理》约我写一篇文章，题目叫“我们走进西藏，它们走出西藏”，并聘请艺术家邱衍庆先生拍摄图片、绘制插图。我与编辑杜冬曾通过网络讨论和校对，但未

1 高原面的羊背石
2 理塘现代化的街道
3 窗外的风景
4 邂逅在古城（右一为杜冬）

曾谋面。后来杜冬还发过几张在甘孜州发现的化石图片让我鉴定，没想到今天在理塘遇见他，就是照片上右边这位小伙子。作为水利专业毕业的南京人，他现在已被理塘县引进，担任旅游投资发展有限公司总经理，将理塘的旅游事业搞得有声有色，今天正在为国庆长假蜂拥而来的游客忙得不亦乐乎。而杜冬之所以会出现了这里，也缘于 13 年前他与一位藏族少女曲西在太空之城的偶遇。他写给曲西的 15 万字的信，后来题名为《康巴情书》出版了。理塘真是一片神奇的土地啊。

2020 年 10 月 5 日

穿过两边各立有一座巨大画像石的门户，我们仿佛是进入了托尔金（John R. R. Tolkien）中土世界的阿苟纳斯（The Argonath）。确实，我们前往的格木盆地在群山环抱之中，沿途一条条溪水有的向北流、有的向南流，我们不断穿过一座座分水岭。远远望去，高山湖泊在阳光下静静地闪耀着翡翠般的色彩。河谷里是开阔的绿色草地，黑色的牦牛、褐色的马匹自由自在地觅食嬉戏。山坡上是苍翠的针叶林，上空有猛禽在翱翔。村庄就散落在山水间，而最大的居民点是格木乡的乡政府所在地。由于山上有一座寺庙，过去的文献中也把这里称为格木寺盆地。

我们正在行进中，前导车突然一个急刹，所有车反应敏捷，全都刹住了。对讲机里传过来急促的声音："兄弟们，谁车上的意大利炮呢？"原来一队高原山鹑（*Perdix hodgsoniae*）正在横跨公路。我们停下来一方面让它们安全通过，另一方面赶紧操起长焦镜头拍摄这难得一见的美丽鸟儿。高原山鹑具有醒目的白色眉纹和特有的栗色颈圈，眼下脸侧有黑色点斑。它们的上体黑色横纹密布，外侧尾羽棕褐色，显得暗淡和斑杂，在秋天的衰草和花岗岩块的背景下是很好的保护色。它们在高原上可能也怕累，能走就不飞，所以幸运地被我们拍到了。

逐渐接近目的地，路旁出现了红色的地层，是胶结较为松散的碎屑沉积，我们立刻就判断这就是我们要找的始新世地层。队员们开始工作，很快倪喜军研究员发现了第一件化石，大家的兴奋溢于言表，工作起来更带劲了。

但我们还不能操之过急，要履行正常的程序。昨天我们已在理塘向县政府通报了考察队的工作计划，县里及时告知格木乡我们今天将要前来。我们

1 进入格木的大门
2 秋天的色彩
3 在河中自由往来
的牦牛
4 高原山鹑

1 蜿蜒的察卡曲
2 跨过危桥
3 发现化石（史静耸摄）
4 缤纷的野花
龙胆（4-1）、鳞叶龙胆（4-2）、马蹄黄（4-3）、金露梅（4-4）
5 为我们带路的简安达洼大夫

到乡政府，值班的干部热情地与我们进行了接洽，就可以顺利开展工作了。

格木乡位于察卡曲旁，不仅流水奔腾，还有温泉注入。一靠近温泉就有很强的硫磺味，在附近也有厚层的泉华堆积。流出的热水汇聚成池，成了牦牛洗澡的地方，它们的待遇真不错。高原上地势较为平坦地方，这些河流都形成九曲十八弯的曲流，教科书上的河流地貌一应俱全。

在察卡曲两旁的山地就是红色的始新世地层出露剖面，我们分散开来在各个露头上仔细搜寻，主要集中在西岸。剖面与前辈的地层描述完全能对上，但他们的剖面是在晒桌曲旁，其顶部的齐根山向藏族老乡打听，他们也不知道，可能是在藏语翻译成汉字的过程中有误差吧。从地图上查看，晒桌曲在东面邻近的沟谷中。也有队员看见察卡曲东岸的剖面非常好，就赤脚蹚水过河，将两岸的剖面进行对比观察。我们还在剖面上看见有古地磁取样的钻孔，说明格木盆地的研究受到不少同行的重视。

秋天已经过半，寒冬很快就要来了，尤其是在高原上。但我们观察剖面的山头溪边一点都不单调，百草还在争奇斗艳。这个时节开得最灿烂的就是龙胆（*Gentiana scabra*）繁若星辰的蓝色花朵。还有鳞叶龙胆（*G. squarrosa*）的白花以及马蹄黄（*Spenceria ramalana*）和金露梅（*Potentilla fruticosa*）的黄花。而酸模（*Rumex acetosa*）将叶子染成赤红，真是“霜叶红于二月花”啊！

2020 年 10 月 6 日

对神仙而言，“那隔河的牛郎织女，定能够骑着牛儿来往”；对凡人而言，“今天晚上请你过河到我家，喂饱你的马儿带上你的冬不拉”。是啊，牛儿、马儿都能轻松地过河，这不，我们就看见牦牛们自由自在地在察卡曲两岸过来过去，但我们的越野车今天却被这条河拦住了。昨天已有队员淌水过去，可哲学家说“人不能两次踏进同一条河流”，所以这一方案也被否决。开个玩笑，其实过河后的路程还很远，是走路的方案被否决了。为什么要过河去呢？

群众的力量是无穷的，在野外考察中常常会给我们意想不到的帮助。中医和藏医都把化石，尤其是哺乳动物的化石作为“龙骨”入药。早期西方人在中国收集作为科学研究的化石材料就来自中药店，比如荷兰古人类学家孔尼华（G. H. Ralph von Koenigswald）在1952年甚至命名了一个新种叫中国猿人药铺种（*Sinanthropus officinalis*）。

我们在理塘时联系了出自藏医世家的益西大师，他给我们推荐了格木乡卫生院的简安达洼大夫。上午我们一抵达格木乡，首先就到卫生院拜访了达洼大夫。他是一位身材魁梧的康巴汉子，没想到跟我同岁，我本以为他比我年轻多了。达洼是祖传的藏医，但他在卫生学校受到过严格的医学培训，他在多年的实践中将西医和藏医有机地结合在一起。

果然，达洼听说过第一次青藏科考期间古脊椎所前辈们在此的工作，知道化石的产地。他还收集了几件标本，化石与围岩的颜色一样，都呈红色，看起来应该产自始新世地层。几件标本包括长骨和门齿，确定属于奇蹄动物，与第一次科考采集的标本吻合。

达洼热情地要带我们去化石地点，但他说道路中断，越野车不能到达。他邀请了另外一位村民，两人各骑一辆摩托车在前面带路。确实，到察卡曲要过河的地方发现用圆木搭的桥面大多已坍塌，越野车肯定过不了。河水湍急且不知深浅，所以车也不能涉水。倪喜军研究员和李强研究员就勇挑重担，搭乘摩托车前往。虽然更年轻的队员坐摩托车可能更灵便，但两位研究员觉得他们在专业上更有经验，就不惧困难，毅然前往了。我也想去，可真还没坐过摩托车，何况还是山路，只能放弃了。

我和其他队员就在近处的同一套始新世地层中工作，同时放飞无人机，跟踪摩托车前进的方向，随时掌握现场的情况。中午过后两辆摩托车和四人顺利返回，带给我们的好消息是确定了前辈们来考察时晒桌曲畔、齐根山下的剖面位置，并且找到了化石，还发现达洼收藏的化石可能来自另一个层位。

太好了，这为今后几天的工作确定了具体的地点，大家一阵欢呼。不过，凡人和神仙都能解决的问题我们还是没能解决，就是车如何过河？再远的路我们也不怕徒步，只是时间耗不起。更重要的是，我们要采集成吨的砂样，雇摩托车也运不回来。就在我们一筹莫展的时候，突然河对岸来了一辆手扶拖拉机，二话没说，直接就往河里开，最后居然顺利过来了。虽然看得我们有点汗颜，也许这是最后的办法。

今天时间已晚，我们就先把近处的剖面仔细搜索一遍。在我们工作的时候，最关注地层中的化石，但对身边的现生动物们也不会视而不见。不仅有吵吵闹闹的红嘴山鸦和寒鸦，天空中还有好几种猛禽在盘旋，特别是神勇威武的胡兀鹫（*Gypaetus barbatus*）。草地上有憨态可掬的旱獭（*Marmota himalayana*），还发现了豪猪（*Hystrix brachyura*）脱落的棘刺。最多的是高原兔（*Lepus oiostolus*），就在附近串来串去，跑得飞快，似乎一点也不怕累。这里的野兔比平原地带的大不少，应该是贝格曼法则的作用。

在每天路过的一处国道旁看见有温泉蛇（*Thermophis baileyi*）活动区的告示牌，而格木也有温泉，说不定也有温泉蛇？温泉蛇是中国独有的珍稀蛇类，栖息在高原温泉附近的岩石洞穴或石堆中，据说冬、夏季都可以见到，但我可不希望见到它。

2020 年 10 月 7 日

"单车欲问边"，大部队还留在理塘继续开展格木盆地的工作，我们一辆车 4 人先赴德格，查找汪布顶化石地点。德格县位于四川极西边，隔金沙江与西藏的江达县相望。汪布顶是一个重要的早更新世化石地点，产有丰富的哺乳动物化石，其中不少种类与华北早更新世动物群相似或相同。

从理塘去德格有两条路的选择：一是沿 318 国道向西到莫多镇，再沿 215 国道向北经白玉县到德格；二是沿 227 国道向北经新龙县到甘孜县，再沿 317 国道向西到德格。这好像是北京正南正北的街道路线选择，似乎都行？问题不是这比街道图放大几百倍的问题，而是高原的路，尤其是川藏线，通不通是主要的问题。经过仔细了解，215 国道从莫多到白玉之间有好几段可能不通，我们就只能走 227 国道沿雅砻江上行的路线，虽然也有滑坡和塌方的不确定性。

理塘正在进入收获的季节，早上路过青稞田，看见村民们纷纷开小轿车或骑摩托车来到田边，不是带着镰刀，而是挎着割草机，这画面真是太超前了，社会进步日新月异。继续往前走，到宽阔的谷地草原上，星罗棋布的白色帐篷周围是数不胜数、"多如牛毛"的牦牛。原来牦牛刚刚从高山夏季牧场转到山下的冬季牧场，牧民们不仅骑着摩托车放牛，而且每家的帐篷边上都停着小汽车，完全是现代化的畜牧业。

公路从高山草场下行，就进入了针叶林带，高大挺拔的冷杉、云杉、落叶松和圆柏密布山谷，直插云霄。海拔继续降低，直到路线沿途的最低位置，到达了雅砻江边，然后开始沿江北上。海拔降低当然呼吸更顺畅，但高山深

1 江流路转
2 冬季牧场
3 高大的针叶林
4 放飞无人机
5 兴奋的考察队员们
6 高原兔（李强摄）

谷中沿江公路最大的问题就是情形异常险峻，我们前几天在金沙江畔已深有体会。今天感觉更严重，危岩落石都还不是最担心的，不少路段要么是临江半幅路基坍塌，要么是靠山半幅滑坡覆盖。但好在今天在雅砻江路段没有下雨，损坏的路面经之前的抢修都能勉强通过。

雅砻江的流水非常湍急，对公路的强烈冲刷是避免不了的。实际上，雅砻江是金沙江的最大支流，也是横断山区北南向的主要河系之一，不知道为何它没有与三江并流合在一起称为四江并流。听着雅砻江在连绵不断的峡谷中奔腾咆哮的怒吼，中午时分我们到达新龙县，在这里简单吃过午饭，继续赶路。

虽然雅砻江边的道路让大家提心吊胆，但一座座漂亮的藏族村寨带给我们愉悦的心情，算是一个弥补吧。这些两三层楼的藏房由夯土或石块砌筑，外表主要由棕黄两色构成，黄色的主墙，圆木结构则用棕色颜料染涂，再搭配以红色的屋顶和蓝色的图案，在绿水青山和蓝天白云的衬托下美不胜收。甘孜县则是这些建筑样式的集大成者，刚好我们穿过雅砻江最险峻的大峡谷到达县城所在的开阔地带，心情也得到极大的放松。有趣的是，甘孜州的首府不在甘孜县而在康定，就像吉林省的省会不在吉林市而在长春。但甘孜县的社会发展也非常迅猛，离县城 40 多公里的地方甚至新建有现代化的格萨尔机场。

离开甘孜县沿 317 国道一路向西，雅砻江的支流玉曲河如影随形，但河谷宽阔，不仅有牦牛的牧场，也有青稞的田地，再无雅砻江岸的险峻。直到看见远处出现一座雪峰，这时冷雨也阵阵倾泻而下，我们知道要向雀儿山攀登了。

1951 年，担任进藏任务的中国人民解放军第 18 军的将士们为修筑这条“天路”克服了前所未闻的艰难险阻，付出了难以想象的奉献和牺牲，尤其是在雀儿山这个咽喉要道。但我们行驶到山下才知道，现在已不用翻越海拔 5 050 米的垭口，一条超过 7 公里长的隧道完全消除了川藏公路第一高点的危险。穿过这条隧道，一路下山，建在逼仄的峡谷中，或者可以说是山缝中的德格县城到了。

2020 年 10 月 8 日

昨天抵达得很晚，没有把德格看清楚。今天早上刚拉开旅店的窗帘，一下子与近在咫尺的山崖撞个满怀。再把头伸出窗外往上看，山峰的尖端都还在云里面。整个德格县城就建在奔腾跌宕的色曲两岸，不，根本没有“岸”，只是溪流与山崖之间仅有的一点空隙。但现在的基建惊人，就在这条窄缝中也满是十几层以上的高楼大厦，实在是担心如果有地震或是滑坡如何经受得起冲击?

当然，这不是我们考虑的事，我们是要找到汪布顶的化石地点。汪布顶是德格县的一个乡，辖区辽阔，沿金沙江东岸分布。将近 40 年前没有 GPS，所以前辈们没有留下经纬坐标，因而不能精确定位。感谢四川省文物局的王毅局长和何振华处长、甘孜州遗产保护科的刘玉兵科长，在他们的热情关怀下，德格县文物部门告知汪布顶乡的桑吉曲西乡长我们今天将要前往。有了周全的安排，我们一早就充满信心地出发了。

从德格县城沿色曲西行，一路逐渐降低海拔高度，直到色曲汇入金沙江处，可以看见西岸的岩石上刻着巨大的“西藏”二字，那里就是西藏自治区的江达县。我们没有过江，而是跨过色曲后沿金沙江东岸上行，朝北面的汪布顶乡前进。又是沿江的险峻道路，而且只有一辆车身的宽度。到一处从悬崖中掏出的路面，突然对面来了一辆卡车，我们主动倒退了将近一公里才错开。金沙江对岸也在建一条沿江公路，大型施工车辆正干得热火朝天，那至少会是双向两车道，还建了几处移民新村。

在我们前进的方向，金沙江岸稍微有一点山麓冲积扇和河流边滩的地方，都长满了茂密的树丛。我们在这里见到了成群的大噪鹛（*Garrulax maximus*），它们欢快地噪着，这些穿着斑点衣服的鸟儿是否在告诉我们有好消息呢?

从德格出发 15 公里的直线距离，我们实际行车 63 公里后终于到达汪布顶乡。桑吉乡长有事不在，但他已交代给乡上的其他干部，给予了我们热情的帮助，尤其是年轻帅气的玛尼加。玛尼加在宜宾上的中学，跟我还算是半个老乡呢！他从部队退役后分配到汪布顶乡工作，一看就是一位出色的好干部，因为乡上的村民都亲切地与他打招呼，虽然他们之间说的藏语我们听不懂。

在玛尼加的奔走联系下，终于有年长的村民知道科学院的专家在 1982 年和 1983 年两次来此发掘的事，还有当年亲自参加过发掘的人民公社社员。指明的方向，正是古脊椎所前辈们在书中描述的金沙江陡崖上。

1 雅砻江河谷
2 漂亮的藏族村寨
3 雀儿山隧道

1 俯瞰金沙江
2 当年发掘的化石坑清晰可辨
3 连接四川和西藏的金沙江大桥
4 狭窄山谷中的德格县城
5 大噪鹛
6 在汪布顶化石地点

我们太兴奋了，立即开始登山。玛尼加和他的小伙伴，幼儿园的园长德西拥措和员工登真扎西以及卫生院的医生松见登真，他们都兴趣盎然地陪我们同去。我们沿着牦牛走的路上山，果然是古生代黑色板岩形成的陡崖，山路异常崎岖。但我一点都没有输给 80 后、90 后的姑娘小伙子们，“会当凌绝顶”，虽还不敢说“一览众山小”，因为两岸都是极高峰，但金沙江确实变细了。我们边走边聊，尤其是向他们宣传青藏科考的重要意义，普及化石的基本知识。我还说起昨天晚上刘科长关切地发来了汪布顶道路塌方的视频，提醒我们注意安全，没想到这段视频正是玛尼加拍摄后放在网上的，真是有缘啊！

最终我们精确地定位到当年的发掘坑，一头牛似乎是专门守护在这里，一动不动地不肯离开。250 万年前的汪布顶动物群中有丰富的牛科动物，它知道这里是它的祖地？这个早更新世的动物群中有黑熊（*Ursus thibetanus*）的相似种，而今天黑熊还生活在这里。玛尼加说黑熊晚上会到村子里来偷吃树上的水果，果然我们在山路上见到它留下的杂食的证据。

我们发现沉积物中仍然富含的化石，是值得继续开展工作的一个重要地点。汪布顶动物群中还记录有印度熊（*Indarctos*）、貂（*Martes*）、獾（*Meles chiai*）、鬣狗（*Hyaena lcenti*）、后猫（*Metailurus hengduanshanensis*）、剑齿虎（*Homotherium hengduanshanensis*）、猞猁（*Lynx shansius*）、豹（*Panthera pardus*）、猎豹（*Sivapanthera pleistocaenica*）、蹄兔（*Hengduanshanhyrax tibetensis*）、麂（*Muntiacus lacustris*）、羚羊（*Gazella*）、盘羊（*Ovis*）和旋角羊（*Spirocerus*）等大型动物，这是怎样复杂而有趣的生物演化故事？我们将从汪布顶的化石中揭开更多奥秘。不仅如此，青藏高原的演化、金沙江的演化，都可以依据这些蛛丝马迹的线索串联出波澜壮阔的宏大背景。

2020 年 10 月 9 日

早上醒来，一按开关，没有电。停电的事，现在即使是在偏远的地区开展野外工作也很少遇到，而这是在德格县城里。马上想到的就是很多野外要用的设备没有充满电，当然也包括手机。好在我们有准备，在行进途中可以在车上进行充电操作。我有头灯，照明没有问题，但有些事就为难了，比如要不要洗澡？会不会热水突然没了？电梯好像有应急电源，要到旅店顶楼早餐，还是不敢坐，慢慢爬上去吧。气喘吁吁到了餐厅，是累得需要多吃一个鸡蛋还是一个都吃不下了？

但我们不能因为停电耽误工作，大家克服困难，收拾好行李，按时出发。今天我们将跨过金沙江，在此次科考中首次进入西藏，前往江达县开展工作。天气很好，国庆中秋长假过后的道路也变得行云流水般畅通。

连接德格和江达的金沙江大桥过去称为岗托渡口，在大桥的西藏一侧建有十八军进藏纪念馆。1950 年秋，中国人民解放军第十八军扫清了进军西藏道路上的反动势力，在岗托胜利强渡金沙江，五星红旗第一次在西藏的土地上迎风飘扬。当年的岗托渡口是茶马古道连接内地和西藏的必经之路，地理位置极其险要。为阻止解放军入藏，旧西藏噶厦当局负隅顽抗，在渡口边上修筑了三个军事碉堡。十八军将士胜利粉碎了敌人的图谋，并且以高度自信的气魄将这三个碉堡保留至今，向来往于此的人们讲述着进军西藏的光荣历史。

我们今天的任务是前往江达县德登乡核查朱日拉山俄哲巩裂隙型溶洞堆积，这是古脊椎所的前辈在 1982 年夏季发掘的。为了确定溶洞的精确位置，昨天我们已联系西藏自治区文物保护研究所的陈祖军研究员，他通过江达县文物部门向德登乡告知了我们今天的行程。沿 317 国道一路西行后，我们在瓦拉寺向北转往德登乡方向。导航也有误导的时候，因为日新月异的发展有时候让系统来不及更新。导航说这段路程需要 4 个小时，当我们实际行驶时发现这是路面条件非常好的 201 省道，许多全国各地的大货车都在来往驰骋，两个小时就到达德登乡。

途中我们还在道路旁的溪边野餐，觉得选了一个不错的地方。果然，不止我们这样认为，下车后才发现秃鹫（*Aegypius monachus*）们也在溪流的两岸各开了一桌。人与自然和谐相处，这也算是一例吧。其实倒是鸟儿们自己不太和谐，秃鹫之间争抢打斗，还有凶猛的大鵟（*Buteo hemilasius*）和斯文的喜鹊想来分一杯羹，都被秃鹫赶跑了。

到达德登乡，白玛邓增书记和粟伟业乡长热情地迎接我们。我们讲解了今天的任务，并宣传了青藏科考的重要意义。午后粟乡长和神青龙村第一书记旦增洛追等一行陪同我们前往朱日拉山，核查俄哲巩溶洞。朱日拉山在藏语里就是“龙的山”之意，是当地藏族乡亲根据对化石的理解而取的名字，就像周口店的龙骨山一样。从柏油路到石子路，从土路到草路，从摩托车路最后到没有路，越野车把我们送到朱日拉山下。剩下的就靠我们的双腿攀登，在海拔 4 000 多米的石灰岩陡坡上，没有任何一个人退缩。最后胜利登上峰顶，形成于上三叠统波里拉组灰岩中的俄哲巩洞穴就在我们脚下。俄哲巩洞穴堆积中含有披毛犀（*Coelodonta antiquitatis*）、三门马（*Equus sanmeniensis*）、羚羊（*Gazella*）和鹿（*Cervus*）的化石，经与其他动物群的对比，显示其时代应为中更新世。

今天的考察让我们感受到了社会的巨大进步，尤其是改革开放以来。当年，古脊椎所的前辈们要到达德登化石地点，仅从四川前往江达县同普镇就花费了 5 天时间。我们今天两个小时就到德登乡的车程，当年走了整整一天。1982 年是乡政府组织了十几匹的马队才完成俄哲巩洞的发掘，现在的越野车则让考察队员们节省了更多的体力。

感谢德登乡领导的热情挽留，我们还是继续赶路，傍晚抵达江达县城。不仅一路上饱览了雄奇险峻的高原风光，还在就要接近县城的地方看见了公路旁树林里的庞大猴群，感受了生态环境越来越好的美妙场景。

2020 年 10 月 10 日

全天赶路，所以想早一点出发。但江达也是山谷中的县城，只是比德格稍微宽敞一点，房屋分布在字曲两岸。7 点半日出，到了 8 点半仍然昏暗，太阳光只能照到山巅。县城静悄悄的，没有任何店铺开门，我们也就吃不上早餐。一打听，才知道这里是 9 点半上班上学。好嘛，再等等。可到了 9 点半，还是静悄悄的。再一打听，为纪念昌都解放 70 周年和举行第六届三江茶马文化艺术节，全市从 10 月 9 日至 15 日继续放假 7 天。

我们终于上路，317 国道依然是一条风景线，幽深的峡谷、碧绿的扎曲，不仅有多变的地形地貌和森林草地，还可以沿途观察地层。在前往昌都的路上，红色的侏罗纪地层绵延不绝，异常醒目。虽然车行很快，我还是努力睁大眼睛，希望能在岩层面上看到恐龙脚印。之前在这套地层中发现的蜥脚类恐龙脚印最长超过 1 米，被鉴定为雷龙足迹（*Brontopodus*）。巨型的恐龙在水边漫步时，在泥泞的地面留下脚印。

不仅有化石，现代的动物在这样高寒的地区依然活跃。那些大型的鸟类，

1 正在取食的秃鹫群
2 俄哲巩洞穴
3 碧绿的扎曲
4 乡干部与我们一同登山（前左为粟伟业乡长）
5 路遇猕猴
6 静静的江达县城

金雕（*Aquila chrysaetos*）、蓑羽鹤（*Anthropoides virgo*）、天鹅（*Cygnus cygnus*）、斑头雁（*Anser indicus*）都被观察到飞越过珠峰，更不用说鹫了。一只胡兀鹫的通体黑色的幼鸟停在河滩上，它还在练习生阶段？胡兀鹫是因吊在嘴下的黑色胡须而得名，这只幼年个体的胡子还不太长。它需要5年才能完全成熟，那时候不仅有长胡子，头部的羽毛也变成淡褐色。胡兀鹫的一大技能，是为了取食腐尸上其他食腐动物不能消化的部分，会把骨头从高空抛向岩石打碎。我们就看见这只幼鸟扔“炸弹”，可惜它还学艺不精，扔到水里了，溅起好大一团水花。

我们在路边休息时最容易见到的是棕颈雪雀（*Pyrgilauda ruficollis*）和高原鼠兔（*Ochotona curzoniae*）。雪雀在草地和溪边活动，喜欢站在突出的石头和裸岩上鸣叫，一点都不怕人。我要拍一只雪雀，它直接蹦蹦跳跳向我靠近，弄得来我把长焦镜头缩到最短都无法对焦了。拍鸟时最常见的情形是“鞭长莫及”，没想到今天反而近到手足无措。棕颈雪雀与高原鼠兔可以说是一对好搭档，雪雀不仅经常在鼠兔的洞中活动，甚至把巢穴建在被鼠兔废弃的洞内。

高原鼠兔身材浑圆，尾巴短到没有，体色灰褐，善于隐蔽。它们是青藏高原的特有物种，数量特别大，只要你朝土质绵软的草地甚至土壤疏松的坡地走过去，就会惊动一群东奔西突的鼠兔纷纷逃回洞去。有时候谁慌不择路跑进了其他鼠兔的洞穴，还会被撵出来。由于鼠兔打的洞太多太长太复杂，因此被认为是草场退化的元凶，一直被当作鼠害消灭，虽然它们属于兔形目而不是鼠类的啮齿目。

中午过后我们赶到昌都，这里已经发展成为西藏东部的大都会，其建设规模与内地的城市相比毫不逊色，并且有鲜明的民族特色。70年前的10月6日，昌都战役的序幕拉开后，解放军在高原上纵横跨越四川、青海和西藏三个省区，最终于10月24日结束战役，解放了昌都。五星红旗从此在雪域高原冉冉升起，成为西藏历史上具有里程碑意义的重大事件。西藏各族人民筚路蓝缕，在世界屋脊上开拓着现代文明的奇迹，我们今天在昌都看见的就是一个充分的展示。

下午我们向南继续赶路，随着海拔的不断升高，温度也在逐渐降低。中午在3 200米高度的昌都还在体会夏天似的炎热，傍晚到达4 300米的八宿县邦达草原就完全是一派冬天的肃杀和寒冷了。

1 红色的侏罗纪地层
2 川藏公路
3 翱翔的秃鹫
4 胡兀鹫的幼鸟
5 棕颈雪雀
6 高原鼠兔

2020 年 10 月 11 日

苍鹰高亢，看残阳处，霭聚云量。房灯暗淡仍笔，将思绪断，机车鸣响。信息长波往返，正豪气激荡。路曲折，横跨滇川，不惧风霜险途上。

前锋直指行青藏，怎知其、任务新颁项。明朝辗转蓉市，京已暮，月星齐亮。队伍兼程，锁定珠峰脚下营帐。算只有、意念追随，远在心相望。

——雨霖铃 · 惜别科考

“除了那些路过的和居住的，今夜我只有美丽的戈壁，空空”。海子对青海德令哈的描述，也适用于邦达机场周围这一片荒凉之地，尤其是这片荒凉之地还有一个曾经世界上海拔最高的机场，其与昌都 136 公里的距离至今仍是国内离中心城市最远的机场。对了，德令哈也是我们的一个重要新近纪哺乳动物化石地点。四年前来过邦达机场，那时候机场外就是一个热火朝天的建设工地。四年过去了，这里还是一个工地，也还在施工中，但却看不出有什么变化。而机场内的旧跑道废弃了，现在使用的是 2017 年竣工的新跑道。

早上电视里不知谁点播了棉花糖略带忧伤的歌声：“我总想起差一点的那场冒险，画好的路线，轻狂年少壮游志愿没有实现”。这一次的青藏川滇科考，“老夫聊发少年狂”，可还是另有公务，不得不提前离开了。只走完川滇，算是半途而废吧，确实是壮游志愿没有实现。

况且，哪能是“轻轻的我走了”，在这个已经在天上的机场有的只是重重地喘着粗气。当登机到舱门时，发现乘务组的成员都吸着氧气。氧气面罩脱落，这在飞机上是多么大的事，不过高海拔的机场就另当别论，大家都见惯不惊了。

没想到飞机分秒不差地启动和起飞，我开始还以为会晚点，因为乘客登机只有 10 分钟时间。主要是机场的航班很少，不用在跑道上排队。“爬升速度将我推向椅背，飞机正在抵抗地球，我正在抵抗你，远离地面快接近三万英尺的距离”。实际上飞机在这里飞不到离地面这么高，机场已经快接近海拔一万五千英尺，飞机跃向空中就直接与苍鹰和秃鹫们并驾齐驱了。

确实心里还在抵抗着，太想参加完整个科考行程。今天考察队在理塘格

1 高原地貌
2 携带泥沙的金沙江
3 云层之上的贡嘎山

木盆地的工作进入收尾阶段，德格汪布顶的采样即将展开，我却只能隔岸观火了。接下来队员们还要在昌都市的贡觉盆地寻找新的化石地点，此前有一些新生代化石的模糊线索。然后前往珠穆朗玛峰和希夏邦马峰之间的聂拉木，在三叠纪海相灰岩中追踪喜马拉雅鱼龙（*Himalayasaurus tibetensis*），在达涕盆地继续发掘和筛洗新近纪的哺乳动物化石。他们还将在青海的玉树地区和共和盆地进行深入的工作，憧憬着发现和发掘更丰富的化石。

我今天就只能在空中复习一遍考察前半段的地形地貌，从宏观的视角感受壮美的山河。在邦达机场一起飞，就能清晰地看到平坦的高原面。尽管我们在地面行驶和攀登时是如此的崎岖不平，但放大的尺寸抹平了人类的感受。青藏高原这样的层状地貌面是隆升稳定期的产物，反映了地质构造运动的阶段性。

三江，实际上还有更多的南北向的江河在横断山地区流淌。从空中看下去，金沙江在已进入深秋的季节还是浑黄的，提醒着人们还要进一步保护环境，防止水土流失。金沙江的泥沙在上游主要来自高山寒冻风化物和谷坡的崩塌、滑坡作用产物，中游则主要来自高、中山的陡坡部分，下游的含沙量呈递增趋势，显然与人类活动强度的增大造成植被破坏有关。

快要抵达中转站成都时，在飞机南侧的远处出现了贡嘎山高耸于云层之上的身影。每次从成都往返西藏的途中在飞机上都能看见挺拔的贡嘎山，其金字塔形的山峰非常有特点。贡嘎山海拔 7 556 米的高度不仅在蜀山中独领风骚，最重要的是它与东侧的大渡河有 6 000 米的高差，更令其雄伟壮丽。

我坐飞机总喜欢要后舱的位置，避开机翼拍照。还要根据太阳的方向选择背光一侧，不是右后卫就是左后卫。今天本以为从昌都到成都是正东方向，左右都差不多，但坐在右侧上午的阳光还是有干扰，而且这架飞机的舷窗玻璃不太干净。

降落成都的过程中感受最深的，就是在高原上天天看见的近乎透明的蓝色，很快被白雾茫茫替代了。也许中国古代的文人更喜欢这种云气氤氲的氛围，所以李白才说“云青青兮欲雨，水澹澹兮生烟”，各领风骚吧。

附 录　基础地质学知识

地质年代

用地质学方法，对从地球形成到有人类文字记载以前的时期划分而成的年代。实际上也就是由组成地壳的全部地层所代表并记录在地层中的那一段漫长的地球历史，有相对地质年代和绝对地质年龄两种鉴别方法。前者通过与周围事物比较来表示化石生物或特殊地质事件与现象的时间，后者是用同位素技术测定的距今年数的时间。

从地球形成到距今 5.4 亿年前为前寒武纪，从距今 5.4 亿年前至今为显生宙。显生宙包括古生代、中生代和新生代。新生代与我们关系最密切，从 6 600 万年前至今就是新生代。

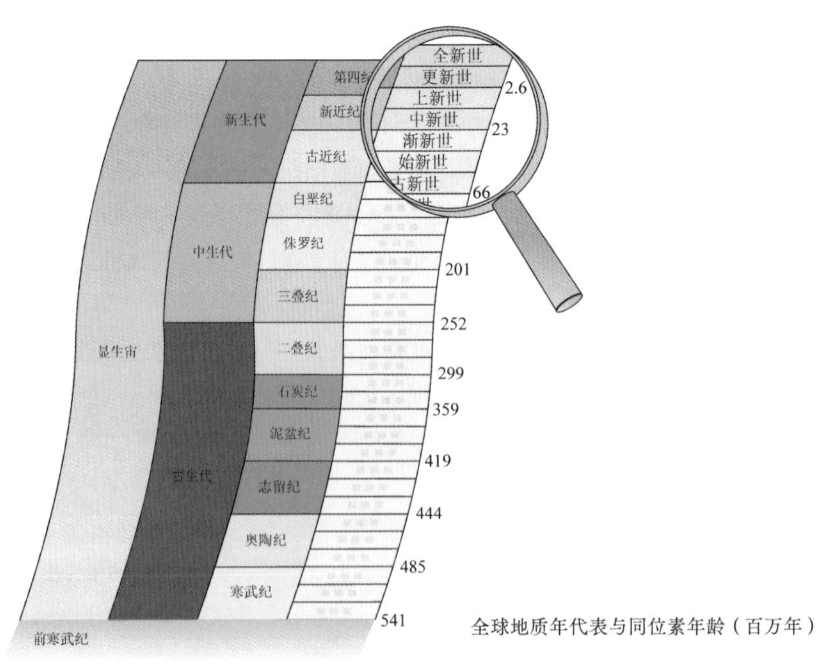

全球地质年代表与同位素年龄（百万年）

地层单位

将组成地壳的岩层按不同类型、不同级别划分的单位，包括年代地层单位和岩石地层单位等。

年代地层单位按地质年代进行划分，年代地层单位的宇、界、系、统、阶、时带分别与地质年代单位的宙、代、纪、世、期、时相对应，它们都是全球适用的统一单位。实际上，年代地层单位就是在某一地质年代时间内形成的地层实体.如中新统就是中新世时期内沉积的地层。

岩石地层单位主要按岩性、岩相特征划分，按级别大小依次为群、组、段、层，如咸水河组的岩性为泥岩和砂岩，积石组的岩性为砾岩。岩石地层单位只适用于某一小范围，是地方性地层单位，它与年代地层单位的界、系、统、阶没有必然的对应关系。

地质年代与年代地层的对应关系

地质年代		年代地层		下限年龄（距今时间）
新生代		新生界		
第四纪	全新世	第四系	全新统	1万年
	更新世		更新统	2.6百万年
新近纪	上新世	新近系	上新统	5.3百万年
	中新世		中新统	23百万年
古近纪	渐新世	古近系	渐新统	34百万年
	始新世		始新统	56百万年
	古新世		古新统	66百万年